[美]强纳生·穆尼 ○著　　　　　　　　　　韩冬 ○译

NORMAL SUCKS

圆木桩不必适应方洞口

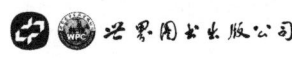

世界图书出版公司

西安·北京·广州·上海

图书在版编目（CIP）数据

圆木桩不必适应方洞口：给觉得自己格格不入的人 /（美）强纳生·穆尼 (Jonathan Mooney) 著；韩冬译 . — 西安：世界图书出版西安有限公司，2021.12（2023.5 重印）

书名原文：NORMAL SUCKS: How to Live, Learn, and Thrive Outside the Lines

ISBN 978-7-5192-8839-6

Ⅰ. ①圆… Ⅱ. ①强… ②韩… Ⅲ. ①成功心理—通俗读物 Ⅳ. ① B848.4—49

中国版本图书馆 CIP 数据核字（2021）第 252120 号

NORMAL SUCKS: How to Live, Learn, and Thrive Outside the Lines by Jonathan Mooney
Copyright © 2019 by Jonathan Mooney
Published by arrangement with Henry Holt and Company, New York.
All rights reserved.

书　　名	圆木桩不必适应方洞口：给觉得自己格格不入的人 YUANMUZHUANG BUBI SHIYING FANGDONGKOU:GEI JUEDE ZIJI GEGEBURU DE REN
著　　者	［美］强纳生·穆尼
译　　者	韩　冬
责任编辑	问琪琪
特约编辑	袁希翀
封面设计	守　约
出版发行	世界图书出版西安有限公司
地　　址	西安市雁塔区曲江新区汇新路 355 号
邮　　编	710061
电　　话	029-87214941　029-87233647（市场营销部）　029-87234767（总编室）
网　　址	http://www.wpcxa.com
邮　　箱	xast@wpcxa.com
销　　售	新华书店
印　　刷	唐山富达印务有限公司
开　　本	880mm × 1230mm　1/32
印　　张	7.5
字　　数	150 千字
版次印次	2021 年 12 月第 1 版　2023 年 5 月第 2 次印刷
版权登记	25-2021-162
国际书号	ISBN 978-7-5192-8839-6
定　　价	46.00 元

版权所有　翻印必究
（如有印装错误，请与出版社联系）

世界上还有什么比一个正常人更奇怪的吗?

等你放学,他们想知道你是否……

如果你也和他们一样正常,

好吧,你是正常的吗?

——拱廊之火[1]（Arcade Fire）
《正常的人》（*Normal Person*）

在意识边缘的某处,存在着一种我将其称为神秘的规范,我们每个人内心深处都知道"这不是真正的我"。

——奥德丽·洛德[2]（Audre Lorde）
《局外姐妹》（*Sister Outsider*）

1　拱廊之火,一支来自加拿大蒙特利尔的独立摇滚乐队。
2　奥德丽·洛德,生于1934年2月18日,美国诗人、黑人女同性恋女权主义活动家。她致力于挑战美国白人女权运动中的种族主义问题和黑人运动中的性别歧视问题,她的"差异理论"和"交叉性理论"已成为当代女权主义的重要思想。

目 录

001　　第一章　绿野仙踪

023　　第二章　诺曼和诺玛

047　　第三章　圆木桩

083　　第四章　方洞口

111　　第五章　伪装

143	第六章　布朗大学
173	第七章　轮椅上的天才
199	第八章　和解
233	鸣谢

第一章
绿野仙踪

> 正常是一种宣示的状态(正常往往是一种宣言)。
> ——阿龙德哈蒂·罗伊(Arundhati Roy),
> 《极乐之邦》(*The Ministry of Utmost Happiness*)

> 当然,如果我们承认世界上没有"正常的孩子"这件事,就是一种进步:他们是孩子,所拥有的能力和面对的障碍各不相同,需要个性化的关心。
> ——玛莎·C.努斯鲍姆(Martha C. Nussbaum),
> 《正义的边界》(*Frontiers of Justice*)

第一章 | 绿野仙踪

孩子们,你们每个人都曾在不同的时刻,用不同的方式,问过我同一个问题,我想,原因也一定不一样。虽然我一直很害怕回答这个问题,但我知道,总有一天你们会问我。

我的大儿子,我清楚地记得那晚你问我这个问题时的情形。当然,因为你是长子。而且,我必须承认,我对于你小时候那些时光(好吧,你成长的全过程)的记忆比对你弟弟们的要清楚得多。这就是作为长子要付出的"代价"之一。你儿时的样子永远定格在我的记忆中,就像电影里的画面一样。问我问题的那个晚上,你刚刚度过了五个年头再加三个季节。如果有人问起你的年龄,你从来不肯忘记让我要加上九个月,否则,你会横穿操场或者停车场,甚至是越过餐桌,然后纠正你的年龄,让我"四舍五入"。

睡觉时间到了,我给你读《绿野仙踪》(*The Scalawagons of Oz*)的故事,这是一本从书店里买来的相当晦涩的书。虽然我是个成年人,但有些词却读得磕磕绊绊,你问我为什么会这样。那一夜,我第一次告诉你,我有阅读障碍和学习困难的经历。你的回应只有一个问题:"你是正常的吗,爸爸?"

我的二儿子,你也问了我同样的问题,但是方式不一样,时间也不同——但具体何时,坦白说,我不记得了。作为次子,你的许多个"第一次"对我而言,不像你哥哥的那样是线性发展的，具体的细节在我的记忆里有些模糊了。当然，这和抚养两个孩子导致我的睡眠不足也有关系。

你还是会早起，一页一页地阅读《纽约时报》(*New York Times*)的体育版块；为了找乐子，解决高等数学难题。这些癖好是从你妈妈那里"继承"的。但是我确实记得有一天早上，在收看体育频道关于人们就美国大学生体育协会排名大吵大嚷的播报时，你停下来，只问了一句话："爸爸，什么样才算正常？"

接下来，当然是我的小儿子。你真幸运，我还能记得你的名字（我确实记得，尽管有时候我会叫成你哥哥的名字）或者你的生日（虽然我不记得，但你的妈妈记得，所以不用担心）。你的声音听起来就像一天能抽一包烟，满脑子有着奇怪想法的70岁老头的声音。我确实记得你说过的那些"疯话"，比如"如果你没有屁股，就无法入座"，还有最经典的"鸡跑得很快……在自行车比赛中除外"。

你问我关于"正常"的问题时的情形，我也记得很清楚。我们在咱家附近的一家墨西哥餐厅吃晚餐。当时我们坐在吧台附近，以便看清楚体育比赛。这时你指向三幅带有"暗示性"的——好吧，是特别不合时宜的——女斗牛士的画像。（我们都知道在斗牛赛中赤身裸体才是正常的！）它们就挂在咱们座位上方。你在胸膛前比画了几下,如果你不是个6岁大的可爱男孩,那我们估计都会被赶出去。"大咪咪!"你大喊道,这时吧台有一半的人都转过头来盯着我们看。"这些是正常的吗?"你问道,在我要给你戴"嘴套"的时候,你又补了一句,"为什么妈妈的看起来不是这样?"

什么是正常?我正常吗?你呢?我们中的每个人都正常吗?

你们每个人问我的时候,我都没有回答,因为我不知道该说些什么。我真的希望我们能避开这些话题,但这样想未免太天真了,不是吗?因为谁不会出于各种各样的原因,在生活中的某些时刻,或者多个时刻问自己这样的问题呢?我曾经是这样,而且一直是这样。此时我回答不了你的问题,虽然很想立刻给你答复。

尽管我和你一样还没有被贴上"不正常"的标签,但是我可没有那么天真。我知道正常总会降临在你身上的。它会塑造你的性格——或许它已经塑造了你。我们都反对正常,是因为正如米歇尔·福柯(Michel Foucault)(你很快就会发现,我读了太多他写的话)曾写道:"正常的'法官'无处不在。"他没有止步于此,又补充道:"我们身处的社会充满教师'法官'、医生'法官'、教育者'法官'、社会工作者'法官',正是基于这些人,规范的统治才得以确立；每一个个体，不论身在何处，都受制于规范，包括他的身体、姿态、行为、才能和成就。"他基本上是在说，我们都生活在被这些"法官"规定的"法律"所统治的土地上，没有人可以逃离。

全社会一直都在和常态做斗争，正如法国人类学家克洛德·列维-斯特劳斯（Claude Lévi-Strauss）所写，我们使各种各样的文化"问题"成为每一种文化的核心，比如文化差异、反常现象、异常现象。正常和它的对立面——不正常，是"人类身份的基本问题"。我们被各种机构、制度和文化习俗所包围，而它们都在迫使我们变得正常。我们每个人都必须在这种秉持正常"法律体系"的严格"法官"的监督下生活与建立自我。

我希望你们做好准备，愿你们能够明白如何生活、如何成长。在这个世界上，不只是你我，所有人都可能会因为思想、外貌、所爱之人、所学之物、感受、行为或者信仰被判定为不正常。愿你们能明白正常是一个要经历挣扎、对抗的"问题"，最后这个观念甚至会被拒斥和替换。如果正常的评判伤害了你们，就像我和其他许多人曾经历的那样，愿你们能明白如何缝合自己的伤口，继续为获得一个不被这些"法官"所统治的世界而战斗。当正常向你们袭来时，希望你们能说出我当时想说却无法说出口的话：不正常又怎样。

我陷入"正常"这个困境中已经很长一段时间了,这个困境源自家庭。我敢打赌,那些表现得很正常的家庭,只被要强光一照,就总能找到几个"怪胎",我家也不例外。唯一不同的是,在我们的成长过程中,我的家人明白且承认了这一点。我们甚至把自己的家庭称作"怪胎家庭"——另一种肯尼迪家庭。

我1977年出生在旧金山。这座城市不是今天的旧金山——一个充斥着摩天大厦的技术乌托邦,而是一座正在衰落的港口城市:它最后的辉煌已经过去,只剩一片破败。那时的加州也不是我现在居住的加州,当时的人口只有现在的一半。当地充斥着从各地来的逃亡者——嬉皮士、滑旱冰的、玩冲浪的、做电影的,以及石油工人,还有一些被赶到西部的其他人。那时候,这个州还做过一个激进实验,实验由当时被我们称为"月光"的州长来主持。

我的家人也是逃亡者。我的祖辈都是爱尔兰移民。我妈妈的父母在还是孩子时,就从爱尔兰科克郡搬到了纽约,迎接他们的是标语——我们不要爱尔兰人。他们沿着这些标语,一路走到了蒙大拿的巴特镇,爱尔兰人在这里采铜矿。曾经有一段时间,这里是除爱尔兰之外最大的爱尔兰人聚集地。

我的外婆在一家地位显赫的犹太家庭做女佣。她爱这家人，这家人也鼓励她要尽早离开蒙大拿。遇见我外公后，她就立刻离开了。

我爷爷奶奶也看见了同样的"反爱尔兰人"的标语，但是他们选择留在纽约。在这个城市，爱尔兰人通过成为警察、消防员和政治家，得到了爱尔兰中产阶级"三位一体"的社会地位。我不太了解这些人，因为我的父亲对他们绝口不提，我最后一次看见奶奶是在我10岁的时候。虽然我不太确定，但那次好像是我父亲最后一次和她说话。长期以来，父亲一直在逃离人们的生活，背后的原因我经过很长时间才理解，但这又是另一个故事了，后面我会讲到。

我母亲出生在旧金山，但说实话，她没有告诉我太多有关她童年的故事。有关外婆的事情，我知道得很少。我只是知道她给有钱人家打扫房子，直到外公成为药剂师。外公在我母亲10岁时死于心脏病。外婆是一位刚强的女性，有吃午饭时喝酒的习惯，外公去世以后，她连吃早餐时也开始喝酒了。母亲曾经想成为一名修女，但教堂的人不允许她进入女修道院，因为她总是蔑视常规，对此她又伤心又愤怒，曾经这样，现在也这样。领会了这一点后，她决定成为一个激进主义者，于是加入了黑豹党[1]，虽然这个党派总部的位置不是很远，穿过奥克兰桥就到了，但是对她而言，那里却是另一个世界。根据我们家的传闻，我妈妈甚至曾经帮助过蒂莫西·利里[2]（Timothy Leary）越狱。

我妈妈在她17岁的时候生下了我同母异父的哥哥比利（Billy）；在她十八岁半时生下了我同母异父的姐姐米歇尔（Michelle）；在她20岁的时候，又生下了我同母异父的姐姐基莉（Keely）；后来又隔了很久，在她30岁的时候有了我。我们几个孩子就是一群捣蛋鬼，当时我的哥哥比利还是个孩子，看起来就像刚从爱尔兰警匪片里走出来的演员一样；我的姐姐米歇尔有一头金色长发，安静而优雅；而我的另一个姐姐基莉在家里却以"静坐示威"而臭名昭著，她会坐在那里哪儿也不去，以此抗议自己童年时期感受到的不平等。

我的母亲独自养育我的三个异姓兄妹，住在一间由码头工人联盟经营的被称为"广场"的乌托邦式合建房中。据她回忆，那里简直就像城市中的天堂，那个时候旧金山还不是富人区，而是一个充满了激进政治和进步思想的地方。那个时候，没有那么多爱与和平，更多的是关于"人"的抗争。"广场"的

---

1 黑豹党是一个美国黑人社团，是为少数民族和工人阶级解放战斗的组织之一。

2 蒂莫西·利里是美国著名编剧、演员、制片人。

居民为废除学校种族隔离制度而斗争,接管了当地小学,推行进步项目。人与人之间相互照应,分享彼此的生活。但在我哥哥和姐姐的记忆中,故事却与此不同。在他们的记忆中,他们经常被单独丢下,"广场"是一个没带给孩子多少童年时光的地方。随着年龄渐长,我了解到,两边的故事都是真的,而且通常都是真的。

我的父亲从纽约的塔里敦逃了出来,之后来到西部。他离开那里的时候,仿佛整个人被撕碎了,仅靠高智商、高学历,以及对提倡社会公平的政治信仰拼凑起人生。我的爷爷在父亲很小时就去世了,没有人告诉父亲究竟发生了什么。我的奶奶冷酷刚强,所以基本上是父亲的继父抚养了父亲。

我知道父亲还是个孩子的时候,耳朵会凸出来,我奶奶会把它们贴在父亲头的两侧。我知道他们是虔诚的天主教徒,父亲去了一个天主教学校,那里有一个修女,外号叫"痛苦姐姐",这个外号名副其实。我还知道父亲在高中玩橄榄球时受了伤,被压在了一堆人身体下面,医生给他重新接上脊椎以便他能"正常"走路。不过我想,父亲从来没有被真正治愈。

我也知道父亲在遇见母亲之前结过婚,那个女人好像叫帕梅拉(Pamela),这是我猜的,因为父亲从来没告诉过我。我知道他们有一个夭折的孩子,是个男孩,后来又有了一个孩子,也就是我同父异母的哥哥。他的名字是迈克尔（Michael）还是约翰（John），我记不清了，我们从来没有见过面。后来，父亲抛下了妻儿，头也不回地向西去了。他很擅长这样抛下过去。我一直不知道自己有个同父异母的哥哥，直到……其实我也不确定到底是什么时候知道的，父亲从不和我谈论他。哥哥的存在是许多原本"不存在"的事情之一——也许是从我父母某天深夜的争吵中，我无意中偷听到的，也有可能是母亲在罗列父亲因为喝纯威士忌酒而导致的种种失败时提到的。

我不知道父母是如何相遇的，不过我知道母亲和父亲的结婚改善了家里的经济状况，至少在某种程度上是这样的。我们曾经一贫如洗，拼了命才能够上贝尔曲线[1]中中产阶级的那部分。那时，父亲在一家教育公司工作，但他想成为一名律师。他从旧金山搬到了马里兰州的贝塞斯达，就读于乔治敦大学法学院。毕业之后，他在旧金山找到了一份与公司法相关的工作，然后辞职了。（也可能是被辞退了——在他接下来的人生中，这种事经常发生。）

我于1977年3月19日出生在旧金山大学附属医院。这时比利14岁，米歇尔近12岁，基莉10岁。母亲在生产的时候，他

---

[1] 贝尔曲线是中间高两边低的收入分配曲线，指大部分财富集中在多数中产阶级手中，极高收入者和极低收入者分布在曲线两端。

们在等候室里一边看《玛丽·泰勒·摩尔秀》(*Mary Tyler Moore*)[1]，一边给我起名字。米歇尔提议叫蒂龙(Tyrone)，基莉反对，觉得应该叫特雷尔(Terrell)。比利则主张叫斯托克利(Stokely)，以黑豹党的创始人命名，但也提议叫特伦斯(Terrance)。后来我的名字有一部分来自我的父亲，他的名字是约翰·格雷戈里·穆尼(John Gregory Mooney)，但还有个名字叫格雷格(Greg)。我的名字中用到了乔纳森(Jonathan)。于是，我的名字是乔纳森·特伦斯·穆尼(Jonathan Terrance Mooney)。多亏有我的哥哥姐姐和妈妈在，我才没被叫约翰(John)。

我出生后不到一年，爸爸就破产了，我们一家人被赶出了自己的房子。我们必须赶在被收回之前带走那辆名叫"不可思议的绿巨人"的棕色沃尔沃。大部分物品都被留在路的另一边，但我们带走了狗"马霍尔"(Major)和猫"大凯蒂"(Big Kitty)，朝着位于南边的赫然广阔的洛杉矶走去。父亲的一位法学院的同学在那里，可能也有一份工作在那里等着他。

我们在加州的曼哈顿海滩"登陆"。我和家人就这样逃离了20世纪70年代的旧金山，来到了这个位于海岸边的中产阶级郊区。曼哈顿沙滩就像沃比冈湖，这里的每个人都比一般人要优秀——除了会冲浪，还精通五项体育运动，有着金色头发，

---

[1] 《玛丽·泰勒·摩尔秀》是1970年上映的美国电视剧。

身高约188厘米，所有孩子的父母都是波音公司高管、律师、会计。回忆过去，我现在明白了为什么我的父母会选择这里，这里是旧金山"广场"的反面，到处都是好学校、正常人。

但我们融入其中了吗？并没有。

我是个奇怪的孩子。首先，我对格纹很痴迷，曾经骑过格纹自行车，穿格纹万斯鞋、格纹短裤和格纹衬衣。除了一身格纹，我还有一顶格纹帽子。我喜欢电视连续剧《根》(*Roots*)，所以把自己称作"昆塔·肯特"（Kunta Kinte）。我穿着袜子洗澡，经常有人看见我光着身子在走廊里跑，嘴里高喊着"这是贫民区的民主党人"。（我也不知道这句话是什么意思。）有一年，我决定只在我家一间空房间的角落里小便，因为那里不会引起别人注意，可以给人一种家里大体干净的感觉。我记得《颠倒乾坤》(*Trading Places*)电影中的所有对话，这是一部由丹·艾克罗伊德（Dan Aykroyd）、艾迪·墨菲（Eddie Murphy）主演的经典阶级斗争电影，不用说，肯定不是给孩子看的。我的嘴巴也总是不干不净的。有一次，在一家甜甜圈店，站在柜台后的女士用对孩子最甜蜜、最友好的语气问我需不需要帮忙，而我说："你他妈的给我一个果冻甜甜圈，婊子。"我那时才2岁。

我们住的房子，大门上没有门把手，如果你弯下腰，从原本应该是安装门把手的门洞里望进去，就会看见一场怪胎秀。你不可能错过我们家的动物展览。马霍尔——家里的狗,脸上有一道大概10厘米长的疤,还有一道在肚子上(没人知道是怎么造成的)。艾米丽(Emily)是我自己的狗,它骨瘦如柴,没有什么毛发,长着一条和老鼠一样的尾巴。我们相信它是一种罕见的非洲无毛纯种犬,我告诉别人它赢过一场威斯敏斯特狗狗秀,而我的朋友说它就是一只老鼠。我不记得我们养过的那些猫,因为到了某个时刻我们起的名字都不够用了,就直接开始排列:大凯蒂、小凯蒂、橙凯蒂、白凯蒂、棕凯蒂、毛茸茸凯蒂、凯蒂凯蒂,还有……尼佩尔。

还有我的鸟——查理(Charlie)。这里有一个都市传说:曼哈顿沙滩上有一处野生鹦鹉栖息地,那里的鹦鹉是从一家起火的宠物店里逃出来的。我发现查理的时候,它还是一只幼鸟,翅膀受了伤,躺在人行道上。它从巢里掉了出来,我救了它,把它带回家,治好了它的翅膀,并给它关爱。它当时像一个澳洲青苹果那么大,通体翠绿,翅尖有一抹黄色,眼周是黑色,像一名拳击运动员。查理是我最好的朋友,我教它说话,它会说"嗨,约翰""查理是一只很棒的鸟",还有"去你妈的"。在学校不开心的时候,我总是回家,待在家里,查理经常是那个唯一向我问好的"人"。

我父亲也经常光着身子走来走去。不只是在沐浴后,还会在"周一裸体日"或者其他的"裸体节日",不是只在阳光好的日子里裸体,而是一直这样。他每天很早就开始饮酒,晚上又喝到很晚,嘴里还经常喊着一些我听不懂的东西。我妈妈通常是他行为的"帮凶",像每个成年人一样,她也有自己的应对方式。但父亲真是糟透了,他在我身边时隐时现,几乎每次和我讲话,都带着尴尬、困惑、愤怒,有时还带着喜力牌啤酒的酒气或者一嘴的烟味。

父亲的许多失败和寻常人的没什么两样,我可以原谅他,至少正在理解并尝试原谅他。有时我真的原谅了他,有时我却做不到。但是父亲在一些不寻常的地方也表现得很糟,令人无法原谅——至少我无法原谅。我曾经超过5年不和他说话。我们从来没有过争吵或是大发雷霆的时候,这些可能给了他一个逃避的借口。我最后一次看见他时,他看上去十分憔悴,最终他脱离了贝尔曲线中中产阶级那一部分,胼手胝足,为了生计而打拼。但我们从来没谈论过我们之间的沉默,一次也没有。我只用了一个故事来填补我和父亲之间的沉默——那就是我的故事。因为这是我的故事,所以对我来说它是真实的。

我们之间的沉默与我也脱不了关系。我不接他的电话,也从不回头。我猜他和我一样擅长这一点。

重要的是,我的童年过得相当混乱,或者正是因为这些混乱，我的童年才充满了善意与欢乐。我的父母都很尊重我们几个孩子，认为我们应该被看作家里平等的一员。我们的家庭会议规模很大，我确定这是基于某种公社的流程，集体决定规则（"禁止在家裸奔"的提案被否决）。家里的每个人，在不同程度上都被鼓励，甚至被要求挑战权威，质疑为什么一切是现在这个样子。还有，最重要的一点是，当这一切被说出来、被实行时，我们还是爱着彼此的。

我的童年对我来说很正常，因为除此之外我没有其他的参照。直到有一天，我发现了别人的情况，我的童年就显得不同寻常了。那一天，我和邻居家的小孩约好一起玩，我父亲在家里一边吃着扁豆汤罐头，啃着一个生西兰花和一个煮老的鸡蛋（这是他平时的零食），一边在我们的火炉旁烤他的运动衣。他戴上了头带、腕带，穿上了运动鞋、白色高筒袜和紧身白色上衣。我们的房子闻起来有一股汗水和尿液夹杂的味道（我不确定是来自我还是动物）。查理（我的鸟）正在诅咒一场暴风雪。当邻居家的孩子从街那头走过来，四处张望时，噘起嘴，嘟囔着："真古怪。"

这还不够，我在学校里很快就被称为"那群孩子"。自从第一天到达彭尼坎普小学读学前班时，我和学校就合不来。先是从课桌开始，我和学校课桌的关系令人担忧。关系恶化是这样开始的：上课不到5秒钟，我的脚就开始抖了；过了10秒钟，我的双脚都在抖；15秒钟后，我开始发出敲鼓似的声音。几分钟后，一切都结束了。我开始试着把腿扳到脖子后面。不，我就是和那张课桌合不来。对有些孩子来说，它只不过是学校用具；但对我来说，它是足以让迪克·切尼[1]（Dick Cheney）发笑的审讯用具。

　　光是坐着不动就很难了，我还要费劲阅读，所以被分在了较"笨"的那一组。老师们没有明面上把我们组称作笨孩子组，但说老实话，谁不知道哪组是聪明孩子，哪组不是呢？我的学校把学生分为加州秃鹰组、黑鸟组、蓝鸟组，然后就是整个学校"吊车尾"的麻雀组。我花了一整天阅读《阅读、发现与奔跑》（*See Spot Run*），而秃鹰组已经读完了《战争与和平》（*War and Peace*）。不开玩笑了——不管阅读组如何命名，孩子们总会知道他们在智力贝尔曲线图上的位置。《阅读、发现与奔跑》不是一本坏书。它的叙事结构很清晰，还有很棒的寓言故事。但在我10岁的时候，我不想让人知道这件事，因为每次当我穿过房间去找自己的阅读小组时，总会听到奚落声："乔纳森，回到笨蛋阅读组去。"每当这时我都会觉得所有人的目光都落在我的书包或者衣服上。

1　迪克·切尼是共和党人，生于1941年1月30日。他是小布什总统任期内的副总统，被认为是美国历史上最有实权的副总统。

阅读组已经够糟糕了，但在课堂上大声读书简直就是地狱。我会面临这样的窘境：第一个孩子开始阅读，我被吓坏了；但我想到一个办法——数这个孩子念了多少个句子，然后翻到那一页开始背诵。然后下一个孩子开始阅读。哦，不。第一个孩子读了十个句子，下一个孩子读了五个句子。我找不到我那一页了，紧挨着我的那个孩子开始读了，我是下一个。我举起手，申请去趟卫生间，祈祷回来的时候他们跳过了我。等我从卫生间回来后，发现他们在等我。于是我拿着我的那一页，极为痛苦地大声读了十分钟，我的这种行为与其说是在朗读，还不如说是在字母和单词中挨个"摸索"。

然后是写作。我问过三年级的老师，"there"这个单词为什么不能一直是"there"，我们真的需要"there's"吗？我们为什么不能用"how"代替"who"或者反过来呢？他大致还想知道我到底想说什么。好吧，有时候这真的会成为一个问题。有一次我给旁边的孩子递了字条，想问"他们怎么样"（how they were doing），但却写成"他们在做谁"（who they were doing）。这一点都不好笑，但有时候确实会影响我的生活。

还有像"house"和"horse"这样的单词，它们的意义虽然完全不同，但是，这个不是"horse"中的那个字母"r"吗？它们太相似了，这不能怪我。像"organizations"（组织）通常被我说成"orgasm"（高潮），还有"business"总是被我写成"bunnies"，这些轻柔的辅音和元音混在一起，总是被我重新排列得面目全非。因为我还不知道什么是辅音和元音的混合。

历史上有段时间人们并不重视这些事。尤其是16世纪，没有人会写字或者阅读，拼写也没有被编进法典，但是人们听之任之，照常生活。而现在一个单词可以有十种拼法，那些好时光一去不复返。彭尼坎普小学不恢复古英语的拼写规则，因此我学会了不说话。我只能写出在房间里能够抄到的单词。如果一个单词太长我拼不出来，我就会用一个更简单的来代替。如果我不能确定一个单词怎么拼，就把它写得很潦草，好让别人认不出。然后我自己也认不出来了，这完全是一个愚蠢的恶性循环，我的拼读和写作让我显得很愚蠢。所以我就被当作一个蠢货对待。接着我就开始相信我很愚蠢，然后开始装傻：全部擦掉，第二天重写一遍。

～

到了三年级末，我从"那群孩子"升级成了"用资源室的孩子"[1]。我被诊断出患有多语言学习障碍和注意缺陷障碍。当教

---

[1] 资源室是学校中独立的教室。在该教室中，患有教育障碍（如特定学习障碍）的学生可以被提供直接、专业的指导和学术补习，并受到以个人或小组形式的协助来完成家庭作业和相关作业。

育专家把这个消息告诉母亲和我时,就像是在宣布某人的死讯一样。桌上放满纸巾,大家都静了下来,镜子也被盖上。我的"正常"被判了死刑,大家都沉浸在悲伤之中。我的悲剧一样的问题在那之前都没有名字,但现在有了一个名字。它一直困扰着我,即使我已经10岁了。我知道人们认为我出了问题。所以当我离开精神病医生的办公室时,我问母亲:"我正常吗?"

母亲那天的样子还停留在我脑海中。她个子不高,约150厘米,看起来像一只爱尔兰斗牛犬。天气好的时候,她会穿上高跟鞋。那天,她像卡车司机一样在那破口大骂,声音像米老鼠一样尖厉。学校的心理专家不想让一个生气的人在她的办公室里喋喋不休,母亲让我待在外面,而她自己进了办公室。接下来我记得隔壁的那条狗都被她的声音吓得逃走了,玻璃差点被她的高音震碎。她走出办公室,用短短的一句话回答我:"不正常又怎样。"

不管那天她说了什么,我已经明白了真正的答案。我跨过了正常和不正常之间的那条看不见的线,我们都知道那条界限的存在。尽管我们不确定它在哪里,谁划定了那条界限,怎样划定的以及为什么。那一刻,我很确定,不管正常是什么样的,我都属于不正常的那一类。

～

但我想让大家明白，我的故事没有止步于医生办公室外，尽管我不在正常的那一边。我想告诉你我是怎样奋力反击的，不是反抗正确的那一边，而是确立自我感觉，寻回一种不被那条界限定义的生活。

第二章
诺曼和诺玛

> 正常是一个相对的概念。它的反面是病态,曾有一段时间,这个词主要用于医学领域。之后它的意义扩展到几乎可以用来形容一切事物。
>
> ——伊恩·哈金[1]（Ian Hacking）,
> 《驯服偶然》（*The Taming of Chance*）

> 常态身体,这个词发明于19世纪,它的意思是背离理想身体,但现在已经发展为一个新的概念:理想常态。
>
> ——伦纳德·J.戴维斯[2]（Lennard J. Davis）,
> 《强制化的常态》（*Enforcing Normalcy*）

---

1 伊恩·哈金,科学思想史专家,毕业于剑桥大学。
2 伦纳德·J.戴维斯,美国教授,知名的残疾研究专家。

第一章

导论

当年仅10岁的我和母亲一同走出精神病医生的办公室时，我就知道，无论正常到底是何种状态，我都要成为一个正常人。我不是唯一一个渴望正常的人。我不会评判自己或者那些发现自己站在正常界限以外，想要恢复正常状态的人；我也不会评判那些处于界限范围内的人：他们相信自己是正常的，而且试图保持这种状态。因为我现在已经明白，常态本身就是一场被操纵的游戏，根本不会有赢家。

我们经常不假思索地，甚至是无意识地在闲谈中用"正常"这个词去形容人们的言谈举止，去划定自己的界限，从而使自己的个性更鲜明，与"别人"割裂开。正常这个词是模棱两可的，我们渴望正常正是因为它的这种不确定性。伊恩·哈金曾经写下这句话："正常在你耳边低语，正常即正确。"它是一种如引力一般的力量，把我们固定在某处，再把我们世界中的碎片和零余固定下来，分门别类，以便于认知，所以我们无法逃离自身，它的威力之一就在于它无处不在。它为这个世界命名并塑造这个世界，然后耸耸肩，向世界证明："嘿，世界本来就是这个样子。"

但我拒绝成为的到底是什么呢？如果没有"正常"或者"标准"做区分，就没有人会被诊断为脑部疾病或其他异常，也不会被贴上这样的标签。当还是一个孩子的时候，我就相信有一些非常聪明的科学家一定发现了正常的大脑,并把它泡在某个实验室的罐子里。刚才说的仅是玩笑而已,事实上他们没有做到,也不存在这样的大脑。

你要知道,"正常"这个概念有一段演变的历史过程。你可能会以为这是一个发现的过程——到了某时某地,有人发现了对人类来说什么才是正常的,然后这种正常和正常人就变成了一种存在于世间的事实而呈现出来。但事实并非如此,这是一个谎言,这个谎言给这种世间的"正常"提供了相当大的支持。事实上,关于正常的概念有一段演变的历史过程这不假,但它不是一个被发现的过程,而是一个被发明的过程,关于正常的概念并非从一开始就是这样的。

～

"正常"这个词到底源自何处,为何会在我们的生活和各种习俗制度,以及在整个世界范围内发挥如此大的威力呢?它是如何变得像空气一样——匿迹隐形又无孔不入,成为我们生活中不可或缺的一部分呢?正如伊恩·哈金首次指出的那样,在任何英语字典中查这个词,它的第一个定义都是"通常的、平凡的、普遍的、一贯如此的"。从什么时候起,这些品质变成人人所追求的了?它是如何成为一种文化的力量,让每个人有了同样的目的？

研究这类问题的人们开辟出一个专门领域，随后出版了相关书籍。米歇尔·福柯的《疯癫与文明》(Madness and Civilization)就是一本令人欲罢不能的好书。乔治·冈圭朗（Georges Canguilhem）的《常态与病态》(The Normal and the Pathological)里面充满笑点，十分有趣。彼得·克莱尔[1]（Peter Cryle）和伊丽莎白·斯蒂芬斯[2]（Elizabeth Stephens）合著的《常态：一个关键的谱系》(Normality: A Critical Genealogy)，绝对是你暑期必读清单上的不二之选。伦纳德·J.戴维斯的《强制化的常态》(Enforcing Normalcy)绝对能改变你的生活态度。正常已经被这些书，还有其他一系列著作拉下神坛，跌落泥土中。因为正常取决于历史，取决于权力，最重要的一点是，取决于那些有缺陷却假装自己正常直到变得真的正常的人。

正如这些学者指出的那样，19世纪40年代中期"正常"这个词在被收录进英语词典，1849年"常态"被收录，1857年"正常状态"被收录。令人震惊的是，这个词被伪装成一个亘古不变的真理。"正常"这个词第一次被使用的时候，与人、社会或是人的行为都没有任何关系，"规范"和"正常"只是数学

---

1 彼得·克莱尔是昆士兰大学人文科学高级研究所名誉教授。
2 伊丽莎白·斯蒂芬斯是昆士兰大学人文科学高级研究所的澳大利亚研究委员会未来研究员。

家使用的两个拉丁词语。"正常"（Normal）一词来自拉丁词语"Norma"，意思是木工使用的锯尺或者丁字尺。在拉丁语的基础上，在所有编纂成典的欧洲语言中，"正常"最初的意思是指垂直的或是直角的。

然而，"正常"即使被当作几何学中单独的词来用，也比它看起来要复杂得多。一方面，"正常"这个词描述的是世界上的一个事实，比如一条线是水平线还是垂直线，抑或是其他。说白了，这个词就是对于直线的客观描述。另一方面，在几何学中，垂直是一件"好事"，很可取。从古至今，很多数学家认为垂直是一种完美，并且把它看作数学领域中的真理。现在我们看到了我们熟悉"正常"这个词的两个原因，也知道了这个词为什么这么有"力量"。正常是对世界上一种事实的描述，同时也是对什么是正确的一种判断，就像伊恩·哈金写的："一个人可以用'正常'这个词形容事物本来的面貌，也可以形容它们应有的样子。"

还有一堆其他的词在与"正常"这个词"竞争"："自然的""普通的""平凡的""典型的""垂直的""完美的""理想的"，这样的例子不胜枚举。但事实是这样的，适者生存，"正常"这个词有一种关键性优势——它不单指一件事，而这种模糊性就是这个词的"力量源泉"。

想想会觉得很可怕,但这是真的:今天我们划定的正常不是通过某种严谨的程序得出的结论,也不是一种有组织的密约,而只是因为它比其他词好用。仅仅因为这个词存在,我们就开始在许多不同的语境下使用它,用不同的方式使用它,因为这对我们很有帮助,其他人也在使用,而且这个词很顺口,给了他们力量。

所以是谁在使用"正常"这个词,他们为什么要用这个词,又是如何使用的呢?"正常"这个词第一次被用在数学之外的领域是在19世纪中期,被一些人用在了比较解剖学和生理学的学术领域上。19世纪,这两大领域在专业上主导人类开展身体研究。就是这群研究者首先在数学专业领域外使用了"正常"这个词,最终"正常状态"这个词被用来描述器官和身体内其他系统的功能。他们为什么要用"正常状态"来形容运转良好的器官和人身体内的其他系统呢?谁知道。也许他们发现把事实和价值驱动结合起来是挺有用的一件事。也许使用一个在数学领域里具有严密性的术语,会让人感觉有一种专业上的优势(要知道在那个时代,医生还不像现在这样吃香。在那个时代,医生治疗常见的感冒要用到水蛭,减缓头痛要通过放血,这种治疗害死了许多人。我猜在某种程度上这也算是治愈了,因为如果你死了,就不会头痛了。还有,通过阉割来"治疗"手淫),或许他们仅仅是喜欢这个词的发音。历史记录没有那么细致，但他们确实在频繁地使用这个词，而且运用得没有那么严谨——就像我在拼写单词时出现的"创造性"的想法一样。

对这些人来说，"正常状态"被用来形容身体和器官的"完美"或"理想"状态；也被用来命名特定的状态，比如"自然"；当然，也被用来判定一个器官的状态是否良好。我不怪他们用"正常"而不是"完美""理想""自然"，或者其他他们能使用的词。这又不是什么大阴谋，毕竟时间如此短，单词如此多，找到一个合适的词不容易。我认为他们只是犯懒，随便吧，就用"正常"好了。一个词总比五个词要好。

～

解剖学家和生理学家，从来没有发现或者定义什么是正常状态。他们研究和定义的是正常的反面——病理状态。他们将正常定义为非异常。但现在我们对"正常"这个词有一个更积极的定义，不是吗？

正常并不只是非异常。它可以指一个生活较为优越的，住在郊区的中产阶级，其心智、身体皆正常，和一个白人结婚后，有两个半孩子。这个数字是怎么得来的呢？半个孩子这个概念我们得从头说起。你从没有见过半个孩子，因为这事听起来就很扯。半个孩子其实是一个抽象概念，是指把整个国家所有的孩子总数除以每个家庭成员的数目，然后就能算出每个家庭平均有几个孩子，这是一个平均数，却通常被称为正常。这也就是，所谓的正常变成常规的时候。

"平均"这个概念被用来形容正常，可以追溯到1713年，是一位名叫雅科布·伯努利（Jakob Bernoulli）的瑞士数学家提出的。他是现代微积分和统计学的鼻祖，起初沉迷于文艺复兴时期的一种骰子游戏（其实就是赌博），后来沉迷于找出一个关于将数学等式控制和计算随机事件发生概率（其实就是输赢的概率）的问题。为了解决这个问题，他创建了一个方程（被称为"微积分概率数学方程"），后来这个方程成了所有统计学的基础。这可是一件大事。微积分的各种概率，还有统计学，让许多看起来随机的事物有了可预测性。有了这种新的思维方式，伯努利挑战并且打破了当时具有决定性的世界观，甚至打破了教会的那种一切事物由神创造且被神干预的观点。但对他来说，最重要的还是玩骰子的时候能用这个方法增加获胜的概率。

100年过去了，微积分的概率学被阿道夫·凯特勒（Adolphe Quetelet）发扬光大。他没有将微积分应用于赌博，而是应用于人类。凯特勒是当时欧洲最重要的统计学家，但讽刺的是，他也是那些古往今来大多数"正常"人中古怪的一个。他用诗意的语言描述统计学规则和统计学的蓝图,经常把从数据中发现的方法用一个狂热的术语表达出来。

凯特勒,是一位真正有信仰的人,相信统计学应该被应用在社会的各个方面。他不满足于预测哪种球会从凹槽里掉出来或掷一枚硬币时,正面朝上还是反面朝上。1835年,他提出了"平均人"的概念。他的计划是,收集大量给定人口的统计数据,然后计算出平均水平,或者是最常发生的概率,从各种各样的特征入手:身高、体重、眼睛的颜色或者后来出现的一些标准,比如智商和道德水平,然后用在这些方面都达到平均值的"平均人"作为社会的典范。

在是否相信"平均人"是一位真实存在的人这方面,凯特勒给出的解释含糊不清。一方面,他发表了许多声明,称平均人是统计学上的一个抽象概念。另一方面,在他的职业生涯晚期,在对苏格兰士兵的特征做了研究后,他发现人有不同的类型(种族歧视警告:令人不解的是,他在这项研究中认为黑人不能算是"正常"人)。他声称可以找到一个真实存在的理想化的人,我想他可能认为理想化的人就是那种像伊万·麦格雷戈(Ewan McGregor)的人。无论如何,有一点是清楚的,那就是凯特勒确实相信,"平均人"是完美的、理想的、出色的。平均人绝对不是辛普森一家[1]，不是普普通通的一般人，而是引导社会的模范人物，如下所述：

> 如果确实存在"平均人"，那他应当是一种美的象征……任何与他身材不一样或者言行不相似的人都可以被定义成畸形人或者病态的人。他所有的一切都与众不同，不论是身材还是形态，哪怕是站在视线之外，他都会被视为畸形人。

> 我发现，极为讽刺的是，即使在这里，所谓数据和事实的客观性也存在一种超越现实生活的愿望，或者某种比我们自身更伟大的东西。在这个梦想中，人们总有一种自我超越性，一种对现实的自我否定。这种倾向，存在于我们所有人当中，我们都希望能够成为别的样子。

凯特勒把关于"平均人"的概念变成了"正常人"，把"标准""平均"和"正常"这些概念混合在一起使用。1870年，他发表了一系列关于畸形儿童的文章。他将残疾儿童和正常人的身体比例进行对比，而后者是他使用平均数计算出来的比例。正常和平均的概念被混在一起，正如《常态：一个关键的谱系》中写道："统计的任务主要是确定那些正常的比例，而治疗医学的任务是尽一切可能减少实际与正常或理想之间的差距。"

---

[1] 《辛普森一家》(The Simpsons) 是由美国福克斯广播公司出品的一部动画情景喜剧。

但并不是每个人都能感受到凯特勒想要推翻什么。他在许多医学研讨会上不受观众待见，法国日益兴起的公共安全机构也对他避而远之。通常情况下，凯特勒计算的平均数并不能代表平均人。例如，当计算一个国家人口的平均年龄时，他并没有将孩子的年龄计算在内；当研究女性所谓的自然状态时，他使用了男性的数据。这就和他发现猫是那些养猫的人通常会养的宠物一样荒唐。但实际上，对他最严厉的批评却是最简单的："平均人"根本不存在。他自己也承认这一点——这是统计学上虚构出来的概念。平均人的概念对成为一名医生、管理政府部门或学校、过好自己的生活有什么帮助吗？它真的对任何事情都有帮助吗？这些问题有待考证，正如凯特勒自己所说，"平均人"是不可能存在的人。

尽管凯特勒总是谈论平均值的重要性和它的意义，并把两者与"正常"的观点结合在一起，但从来没有说过"平均人"是一个真实存在的人。他的说法接近于他的苏格兰式"模型"。可谁又能怪他呢？但他后退了一步，声称平均人只是一个有用的统计学建构，为了帮助人们理解世界，为了方便政府和专家使用。它不是人们真正要成为的样子。

虽然凯特勒为这项工作打下了基础，但是在我们熟知的正常概念的演变过程中，没有人比弗朗西斯·高尔顿（Francis

Galton）更重要了。高尔顿是查理·达尔文（Charles Darwin）的表亲。他最初是一名医生，后来放弃了医学，转向了新兴的统计学。正如上文提到的伦纳德·J. 戴维斯在《强制化的常态》里所说，高尔顿在统计学理论上做出了重大变化。他创造了我们所熟知的常态概念。

这些变化在数学意义上是复杂的，克利夫笔记中这样总结道：高尔顿对改进人类的想法很感兴趣，而且相信统计学可以有所帮助。他非常喜爱凯特勒那一套关于"平均人"的理念，但是有一个小问题。凯特勒钟型曲线的中心是人身上最常出现的特点，而不是高尔顿所认为的每个人都该拥有的理想的身体和精神状态。为了解决这个问题，高尔顿通过一个非常错综复杂的数学（严格意义上来说是统计学）运算过程，并利用钟型曲线的思想，即最常见的特点聚集在中间，极端性格分布在两端，创造了一个"ogive"（他特别喜欢自己造词）。正如伦纳德·J. 戴维斯解释道，"以四分位排列的上升曲线的特征是期望的特性高于不良偏差"。他将其称为"正态分布图"。这张分部图把最常见的差异定义为缺陷，而将高尔顿重视的那种不常见的理想的身体和精神状态定义为正常。

这件事很重要。彼得·克莱尔和伊丽莎白·斯蒂芬斯是《常态：一个关键的谱系》的作者。这本书中写道："高尔顿不仅是第一个在统计学上提出正常理论的人,而且是第一个将它运用于社会实践和生物标准化的人。"20世纪初,正常人的概念被固定下来,并受到新兴的公共健康领域的喜爱。直到今天,我们对学校的理解还是一排排课桌和千篇一律的教学方式,创建之初是为了适应虚构出来的"中位数"。这种产业化的经济需要标准化,而标准化是在将平均数、标准和规范投入产业生产时带来的。优生学是高尔顿创立的遗传学的分支,旨在消除世界中存在的缺陷,这个概念建立在正态分布曲线上。

把"平均人"和"正常"的概念结合起来是"正常"概念演变史上的重要一步。统计学并不是发现了"正常",而是发明了"正常"一词,并将其用来表达"最常发生的"这一含义。正如彼得·克莱尔和伊丽莎白·斯蒂芬斯所指出的那样,这是一个历史性的时刻:在一个以数学为基础的社会中,平均值比例外值更重要。这是一件大事,尤其对那些后来发现自己处于非正常状态的人来说。正如著名的统计历史学家阿兰·德罗西埃[1](Alain Desrosières)所写的那样,通过统计分析,这种力量发挥了作用,即事物固有的多样性在某种程度上被当成了"错误",是一种不必要的传播;作为一种字面意义上的道德和智力的理想状态,平均数被认为是正常的。

---

[1] 阿兰·德罗西埃是法国的统计学家、社会学家和科学历史学家。

现在，或许有人觉得，作为一段发明而不是发现的历史，"正常"的历史演变到此为止，但事实并非如此。凯特勒承认，正常的平均数是统计学上虚构出来的，高尔顿并没有在更广泛的意义上关注常态性，而是致力于摆脱正态分布曲线底部那些令人讨厌的"缺陷"。直到20世纪，正常才变成一种广泛的文化现象，一批新的专业人士重拾正常的概念。他们被预先灌输了上述所有的模棱两可、重言式以及与平均概念融合的想法，并加倍努力寻找世界上的正常人。但是，相反，他们其实是在发明"正常"，而它的辉煌至今仍与我们同在。

那么，是谁在寻找人类中的正常人呢？答案是性科学家。没想到吧？先别抱太大希望。把"正常"这个概念带到新高度的性研究人员自称性保健专家（吹"枕边风"的时候试试这个话题），他们写了《理性的性伦理：对正常男女性生活的生理和心理研究，以及结合实际案例的性生活的卫生注意事项》（*Rational Sex Ethics: A Physiological and Psychological Study of the Sex Lives of Normal Men and Women, with Suggestions for a Rational Sex Hygiene with Reference to Actual Case Histories*）这样的书，当然并不是《五十度灰》(Fifty Shades of Grey)[1]那种类型。但是人们的确开始关注这些性科学家，因为不管怎样，跟性沾边的书销量都不错。

据克莱尔和斯蒂芬斯所说，这些研究性的研究者、心理学家、精神病医生、精神分析学家、公共卫生官员和婚姻顾问在20世纪领导了一场广泛的流行运动，以寻找正常人并告诉我们一切。整个团队的非正式领导是西格蒙德·弗洛伊德（Sigmund Freud）。是的，这个嗜好抽可卡因，并且在毒瘾上来的时候会去杀死农场里的小动物的家伙，是"正常"历史演变过程中重要的思想家之一。此处，我将省略弗洛伊德的长篇论文，省得你带着痛苦去读他的书。他的观点就是一句话：所有的一切事物都和性有关，一个人的性格、思想、抱负，对世界的希望，最喜欢的颜色、食物、冰激凌的味道等，都可以归结为性。

在19世纪末和20世纪初，弗洛伊德和其他一些人提出了一种关于正常性行为的理论，因为性行为对正常人来说是一切。起初，他们陷入旧的"正常即不正常"的无谓重复中，几乎完全把重点放在"异常"上。有关这个主题的第一本重要的书是克拉夫特-埃宾（Krafft-Ebing）的《性精神病态》，拉丁语意思为"畸形的性爱"。他是个真正的混蛋，我有很多看不起他的

---

[1] 《五十度灰》是作家E.L.詹姆斯（E.L. James）创作的小说。

理由，最主要的原因就是他是第一个宣称与同性接触的人是有病的、变态的、应该进监狱的。不过，弗洛伊德却把这件事抛在脑后，断言正常和异常之间没有明确的界限，相反，每个人都有点"变态"和"病态"。这个伟大的想法从20世纪20年代开始，在当时的婚姻和"自助"（就是自我鼓励的那种"自助"）文学中广为流传，被称为"几乎正常"。

"几乎正常"对某些人来说是有趣且有用的，尽管最终不过是在常态这团乱麻上又添了一层而已。这对精神病医生来说是一种很好的商业模式，因为如果每个人都多多少少是病态的，那就都可以让他们提供治疗服务。出版业喜欢这个概念，因为可以印发建议手册，帮助那些不那么正常的人接近正常。而蓬勃发展的大众消费市场和广告业抓住了这个点子，因为如果你想把东西卖给别人，那就告诉他们，他们有问题，然后你就可以兜售解决方案了。

但"接近正常"到底意味着什么呢？这让我晕头转向。这儿有一个"正常"的范畴，但我不属于这个范畴内。然而，我不应该接受这一事实，而是努力达到一种几乎没有人能达到的正常状态。还有，没错，你可以买很多东西，付钱给别人，来帮助自己走出"几乎正常"的混乱状态。我明白为什么弗洛伊德需要那么多可卡因了。

这样一来，正常就不仅仅是一件要做的事，而是一件要成为的东西了。但是先别急，我也有好消息要告诉你。此时此刻，精神病医生正在自以为是地谈论正常，以及讨论在此之中我们缺少的东西，而另外一群人却在努力找到解开这个矛盾之结的方法。新一代的性卫生研究者认为，一名对体育教育和性教育都有所涉猎的老师会将正常的研究提高到一个新的水平。1930年，也就是"正常"这个概念被提出大约100年后，"正常"慢慢潜入我们生活的方方面面。历史上人们开始第一次大范围地研究正常人，如哈佛大学研究普通青年的格兰特研究[1]（The Grant Study）。什么？没搞错吧？研究哈佛的普通青年？

是的，有史以来第一次对正常人的研究是在一所大学里对白种人的研究。当时，除白种人之外，没有其他人种被邀请参与研究。这项研究由卫生学教授阿莉·V.博克（Arlie V.Bock）指导。研究小组收集了有关生理、社会和心理的广泛的资料数据……算了吧，让我直接说重点。因为我们都想到他们发现了什么——富有的受过大学教育的白人都是正常人。

根据这项研究可知，正常人是"平衡和谐功能的融合，产生良好的整合"。解释一下就是：参与这项研究的普通人是正

---

[1] 格兰特研究是历史上持续时间最长，同时也是最全面的精神心理健康研究。该研究始于1938年，研究的对象是268名身体健康、适应良好的哈佛新生（全部为男性）。

常的,因为他们在一个和他们一样的以白人为主导的系统中取得了成功。如果你的行为、外貌和背景符合主导文化,你就是正常人。如果融入了这种文化,那你就是正常人。因此,无论是在学校、教堂、城镇里,还是医生、老师都认为你是正常人。正常在社会规范中起到了一定的作用。这是一个全新的赘述,正常是被那些公认正常的人定义出来的。

20世纪是多么混乱。性研究者和哈佛大学的人口统计学家把正常和不正常完美地一分为二,然后把这一切搞得一团糟。现在这些概念到处都是。我希望我能说人们在愤怒地反抗,想要放弃这种想法,但我知道这不是真的。这种常态变成了所有人的一切。

到20世纪中叶,这一新的常态已坚如磐石。没开玩笑,他们真的给"正常"做了石像。如果你在克利夫兰,就可以去自然历史博物馆看一看。在那里的地下室,你会发现两尊雕像:诺玛(Norma)和诺曼(Normman)。这两尊石像于1945年被雕刻出来,分别代表正常的男人和女人。这两尊雕像被设计成有史以来最真实的、数据驱动的常态代表。这两尊雕像是以成千上万普通人的生物测量数据为模型制作的,不像大卫(David)

雕像——理想人类的化身，没有人能成为他。

正如克莱尔和斯蒂芬斯所写，为了制作诺玛雕像，研究人员使用了一个新的数据集，该数据集是将美国家庭经济局在20世纪40年代记录的美国白人女性的平均测量值加以标准化而形成的，目的是设计出第一个标准化的成衣尺码系统。这为我们提供了成衣的一般尺寸，即平均尺码。

诺曼是根据查尔斯·达文波特[1]（Charles Davenport）在冷泉港研究实验室收集的数据来建模的。达文波特是标准的优生学派（后面会介绍更多关于他的资料）。引用克莱尔和斯蒂芬斯的话，加上我自己的一些见解，可以这么理解：用来创建诺曼的数据来源于达文波特收集的第一次世界大战期间大量士兵的身体测量数据（白人男性），再加上1933年在芝加哥世界博览会上建立的一个身体测量实验室的记录（白人男性）和保险公司的数据（白人男性），以及在大学校园工作的物理人类学家调查的男性大学生（大多为白人）数据。这意味着，如果你算一算的话，这个数据中150%都为白人，白人的总数多到令人震惊，像是达到全美汽车竞赛协会和康涅狄格州乡村俱乐部里的人的数量那种程度。如果他们都躺下，就像下雪时白花花的一地雪。

---

[1] 查尔斯·达文波特是一位杰出的美国生物学家和优生学家，是美国优生运动的领袖之一。

1945年6月，诺曼和诺玛第一次在纽约自然历史博物馆展出，受到人们的热情赞誉。诺曼和诺玛轰动一时，以至于克利夫兰健康博物馆买下了这两尊雕像，并举办了一场寻找诺玛真人版的活动。很快，每个人都能清楚地分辨出谁是不正常的人：任何不是白瓷皮肤的人、任何身体有差异的人，以及同性恋者。诺曼和诺玛被描绘成一对异性恋夫妇，已经准备好为核心家庭的利益而努力。

这场比赛持续了10天，《克利夫兰老实人报》(Cleveland Plain Dealer)的头版上有一篇题为《你是诺玛这个典型女人吗？》(Are you Norma, typical woman?)的文章，正如彼得·克莱尔和伊丽莎白·斯蒂芬斯指出的那样，这个时机刊登这样的文章的讽刺意味说明了一切问题。当时是1945年，美国用核弹轰炸了日本，德国的死亡集中营已经被解放了，欧洲已变成废墟。这10天以来，全国第四大报纸却在头版上刊登关于正常生活的报道。

寻找诺玛真人版的比赛有超过3700名妇女送来了关于她们身材的尺码信息。1945年9月21日，入围者被邀请参加在克利夫兰基督教青年会举行的一个开放日活动。1000多人前来观看这场评判是否"正常"的决赛。获胜者是当地一家电影院的收银员玛莎·斯基德莫尔(Martha Skidmore)，一位美丽的女士。

最后，经过100年的争论，终于有人发现了真正的"正常人"。

在领奖台上，评委们站起来给玛莎戴上了象征"正常"的王冠。俄亥俄州精神卫生和身体健康专员面带微笑地看着玛莎，然后看了下诺玛，看着人群，说：真人版诺玛已经找到了……唯一的问题是，正如《克利夫兰老实人报》报道的那样，"玛莎的身材尺寸和雕像并不完全吻合……在对3863名参与者的尺寸进行评估后，诺玛仍然是一个假设的个体"。

我对不起玛莎，对不起所有人。真不走运，"评判正常"的"法官"曾经说过：正常人的标准是存在的，但你不可能达到这个标准，所以不要停下来，要挑战不可能。

～

如果你被这段历史搞糊涂了，那可要注意了。这段历史表明正常是如何变成我们现在生活中的正常的：一个充斥着标准的、平均的、完美的、理想的大杂烩。不是为了追求某样东西而是要成为某样东西。我们总是被告知要追逐那些不断变化、不断扩大的范围。

我想让你知道这段历史，因为这是我们现在的历史。在你的生活中，无论是现在还是将来，每一个地方你都会遇到不可能实现的理想。你生活在一个被规范束缚的世界里,这些规范将用来对你的智力、健康、身高、体重、欲望、爱情以及最终的价值进行判断和排名。但"正常"从来就不是"客观"的真实,也从来没有客观的标准来定义我们身上什么是好的或什么是对的。

正常是由有缺陷的、古怪的、自私的、有种族主义倾向的、有能力的、害怕同性恋的、有性别歧视的人创造的,而不是被发现的。正常是统计学虚构的数字。认识到这一点是你凝聚力量,重新找回自我、认识自己和爱自己的第一步。

第三章
圆木桩

异常的：形容词，偏离正常或常态，一种典型的不受欢迎的状态。

异常：名词，一种异常特征、特点或存在情况，常用于医学背景。

此外，几乎每个人都试图尽可能地表现得"正常"，那些根据社会标准表现得明显"不正常"的人，经常提醒那些正在衡量自己是否符合标准的人。

——苏珊·温德尔（Susan Wendell），
《被排斥的身体》（*The Rejected Body*）

第三章 | 圆木桩

在创作这本书的时候，我在脸书[1]上传了一段视频，里面讲述了我在学校的奋斗历程，以及对正常生活的挑战。这段视频在网上被疯传，观看次数有1900多万。我不得不承认，我被这种局面弄得不知所措。我认为我的故事一定是和我本人一样慢慢变老的，所以像你们这样的孩子，几乎每天都得友善地指出这一点。

我们生活在多元化的黄金时代，对吧？我想，如果我们现在都很特别的话，我几十年前的学校经历，在某一天就会过时，它们不过是在那糟糕的20世纪80年代发生的事。很久以前，每个人都听威豹乐队的歌，穿着石磨水洗的牛仔裤，留着很酷的鼠尾辫，孩子们被分为"聪明阅读小组"和"笨蛋阅读小组"，而正常则占据了至高无上的地位。

好吧，那太天真了，不是吗？

每天在世界各地的各个社区，持不同意见的人都会被贬低。看看数据就知道了，很多研究，比如《世界残疾报告》(UN World Report on disability)指出，世界上任何一个少数群体，不管是认知上还是身体上有差异的少数群体，从就业、工资和教育成就角度来看，生活质量都是最差的。我个人也知道这一点，因为我曾有过这样的经历，而且也读到或直接听到数以万

---

[1] 脸书，即Facebook，是一个联系朋友的社交网络平台。

计的有关羞耻、边缘化和非人化的故事。

这些故事千差万别,但都有相同点。无论是有孤独症、大脑性瘫痪、耳聋、视力障碍、诵读困难、抑郁症、注意缺陷多动障碍的人,还是介于正常和患有这些病症之间的人,在学校、工作、家庭和社区中,都有过被视为异常和有缺陷的经历。由于这种关联、理解和最终治疗差异的方式,这些异常的人最终会被非人化对待,受到深深的伤害。

在脸书上传视频后,我收到的电子邮件和信息比过去20年来的都多。其中有一条信息来自英国一位名叫埃利奥特(Elliot)的男孩:

我是埃利奥特,今年9岁,住在英国。妈妈让我给您写信,我希望不会打扰您。我看了您的视频(妈妈不让我看,但我还是看了),这让我既伤心又高兴。因为我刚刚发现自己有严重的诵读困难。我现在读四年级,我想我永远也做不成任何事,因为我在学校的表现太差了,同学样样都比我强,我在每件事上都排在最后,即使真的努力了。这让我很难过。使用电脑进行艺术创作是我唯一能做的事,但我几乎读不进任何书,因为总是晕头转向的。我告诉老师我想成为一名作家,因为我喜欢在电脑上写故事,描述一个想象中的世界,那里充满了大大小小的好玩的新奇事物,但她说我不擅长拼写,实际上她完全正确。妈妈说我不是笨蛋，还总是给我说些好听的话，所以我并不相信她。

我知道那种感觉：我是笨蛋。

我一直在等待不用上学的那一天（我想是7年后），这样就再也不用读书或学习任何东西了，我讨厌学校。您写这本书的时候多大年龄？有人检查过您书中的拼写吗？您写完这本书后，大家都不再刻薄地对您了吗？别担心，如果您要忙着重新开始，我知道您一定有很多事情要做，从9岁开始。

我们怎么生活在这样一个世界，像埃利奥特这样的孩子，显然和其他人一样，有很多优点，却觉得自己像个笨蛋？我用毕生时间去了解我们是如何走到这种地步的，人类的自然变异带来了强弱、能力、残疾和善恶，这些被称为"病理学"。

当然，"正常"的世界需要像埃利奥特这样处在社会底层的孩子。正常总是建立在不正常的人的身体和生活之上。而那堆由不正常的人组成的底部，是对正常的否定，那是它的基础。它是正常的反面——异常，代表着缺陷和错误。

正常在这个世界上不是一个事实，并不意味着它没有被用来对有差异的人进行非人化对待，但这完全没有必要。像正常一样，异常也有一段历史，它也不是发现的过程，而是发明的过程。在生活中，你需要了解这段历史以及正常化的过程和系统，这些过程和系统将人类之间的自然差异转化为异常，从而使其被诊断、分类，然后则是被纠正。我们都是圆形的木桩，但无论怎么努力，我都无法保护你，不让你接收那些要求你必须适应方形洞口的信息。

～

三年级时，我被正式确诊后，和妈妈去曼哈顿海滩的比尔叔叔煎饼屋吃早餐。每当我不想上学，想让自己好过点时，就会去那里。那天早上吃早餐时，我和妈妈一起读了学校的心理医生给我开的有关学习障碍的诊断报告。

剧透警告：这个报告里可没有什么好消息。我从心理医生办公室走出来的那一刻就明白了，尽管她说测试没有正确答案（她就是在胡扯），但我知道，我搞砸了这场测试。当然，这项心理评估的某些项目我还是挺喜欢的。我肯定通过了搭积木的测试，觉得自己在罗夏墨迹测验[1]中也表现得很好。第一个

---

[1] 罗夏墨迹测验因利用墨迹图版而又被称为"墨渍图测验"，通过向被试者呈现标准化的由墨渍偶然形成的模样刺激图版，让被试者自由地观看并说出由此所联想到的东西，然后将这些反应用符号进行分类记录，加以分析，进而对被试者的人格特征进行诊断。

墨迹，我告诉她那看起来像是一所着火的学校；第二个墨迹，我告诉她像着火的老师；第三个墨迹，我告诉她像她，为了更有戏剧性效果，我停顿了一下，然后告诉她，像她着火了。我等着她笑，但她没有。

然后一切开始急转直下。我搞砸了一项测试，这项测试要求我记住一系列数字，与此同时测试者们不时地发出各种噪声来分散我的注意力。说真的，这太卑鄙了。我问她是否想了解办公室窗外的鸟巢，她说不想。然后就是手写和拼写测试，当然都是狗屁，因为我们都知道，当你不知道如何拼写一个词时，就会故意写得潦草，这样就没人认得出来。阅读测试是压垮心理医生的最后一根稻草，我告诉她我可以闭着眼睛看书。我说的是真的，因为我很擅长记住别人读给我听的东西。但她却不以为然。她告诉我，那不是读书，我问道："谁说的？"

我一边蘸着鲜奶油和糖浆，吃着上面有巧克力片的蓝莓煎饼，一边看着试图读懂这份报告的妈妈。我只能想象，让那些根本不了解我的人用消极的言语来描述我时她是什么感觉。她大声地读了出来，但我认为她不是故意的，因为她被愤怒压垮了。"乔纳森有语言处理障碍症（这他妈的是什么病）。""乔纳森极度缺乏语音意识（这他妈的都读不通）。""乔纳森有极度的抑制和自我调节缺陷（他妈的，他们以为自己是谁）。""乔纳森的执行能力很差（老天，让我宰了他们吧）。"这样持续了大约十分钟，直到餐厅经理礼貌地请我们离开。

那天早上，我妈妈已经尽了她最大的努力。在我今后的人生中，她一直在抵制我被归为病态。她常说，问题儿童长大后一定会变成有趣的大人，特立独行就是力量。看看蒂莫西·利里后来的表现吧，他也有阅读障碍。他认识的所有黑豹党成员都有学习上的问题（如果你是一个来自郊区的白人孩子，这个消息会对你非常有帮助）。当然，还有她的名言："我没有毛病，只是开窍晚。"她以前就常说这句话，而且会一遍又一遍地说。这句话是一本名叫《晚熟的狮子》（*Leo the Late Bloomer*）的书中的台词，这是一本关于一只不能像其他动物那样做事的狮子的儿童书。小狮子利奥（Leo）不会读书也不会写字，进食也有困难。但是，尽管有这些挑战，小狮子利奥最终还是开窍了。我妈妈一直给我读这本书，直到我18岁。

美味的薄煎饼和她对学校愤怒的态度，都让我感到安慰，但我知道真相：和我妈妈说的一样，我没什么不同。我确实有缺陷，从来没有完整地看份报告，但我不需要。我明白，我有脑部疾病，和那种我可以接受的"不正常"不一样，我属于异常。虽然当时我不太清楚这是什么，但我知道，这是完全不同的另一回事。

成为一个异常的人意味着什么？成为一个问题少年意味着什么？那种感觉到底如何？我敬佩的一位名叫罗纳德·马伦[1]（Ronald Mallon）的哲学家认为，用来将人分类的种族、性别、能力、残疾等，可以是虚构的，也可以是真实的，既有因果意义，又有科学意义。与此同时，它们也有可能是被发明出来的，但这些划分出来的类别仍然影响着人们。在人与"问题"融合的情况下，可能会产生循环效应，两者互相映射，直至不可分割。

严格意义上讲，异常是不常见或非典型的事物（或人）。但我们都知道，虽然这严格来讲是正确的，但给某个异常事物贴上标签绝对是负面的。异常一词直接来自以疾病为基础的医学专业，作为对不健康的事物和人的描述。根据牛津英语词典，异常是一种非正常的状态、特征或现象，通常应用于医学领域。

将典型的人类按照不同的医学类别进行分类并不是必然

---

[1] 罗纳德·马伦是美国哲学教授，也是圣路易斯华盛顿大学哲学－神经科学－心理学项目的负责人。

的。在进行这次分类之前,有关人类的差异的研究在其他方面被打断了。查理·达尔文证明了所有的进化都是由变异推动的;在有异常这个分类之前,认知和生理有别于常人的人通常被认为是奇妙的、古怪的、出色的、奇异的、非凡的、反常的、独特的、奇怪的、异想天开的、荒谬的和好奇的。亨利-雅克·斯蒂克[1](Henri-Jacques Stiker)表示,在认知和生理方面与常人有异的人,在中世纪"会被认为是世界和多面社会的一部分"。

那是什么发生了改变呢?

当给我们带来正常定义的概率理论学家、颅骨测量者们和精神病医生以及20世纪早期那些伟大的分类者成为同谋时,差异就变成了异常。随着科学作为一种描述和解释世界的工具兴起时,"正常"的定义也相继出现了。在18至19世纪,生物学家创建了自然世界的分类系统;天文学家绘制了星空图;地理学家绘制了世界地图;解剖学家绘制了人体解剖图。正常隐藏在背后,在这些图表和系统之间划出一条线来区分什么是可接受的,什么是不可接受的。我们都知道,不可接受的就是畸形的。

正常和异常的概念直接产生于19世纪末20世纪初测量身

---

[1] 亨利-雅克·斯蒂克,一位残疾的历史学家,是巴黎第七大学西方社会历史与文明系研究主任。

体(包括后来的大脑)的实践,属于人体测量学的内容。人体测量包括对人体物理特性的系统测量,主要是对人体尺寸和形状的描述。它是一种早期人类学工具,用于理解人类的变异。我们已经见识到了人体测量学在正常历史上的一些先驱。凯特勒完整的"平均人"概念源自人体测量,"诺曼"和"诺玛"是利用20世纪中期收集的各种人体测量数据创造出来的。还有其他一些人,如弗朗西斯·高尔顿,他创建了心理测量学。心理测量学是人体测量学的一个分支,侧重于测量更细微的认知特征,如智力、个性、精神能力和性格。

事情是这样的:正如我们在"平均人"这个概念中看到的那样,人体测量和心理测量从来就不仅仅是收集数据,创建一个类别,然后就此搁置。测量人类的统计行为导致了正态分布曲线的产生,位于曲线中心的是好的,偏离其中心的是坏的。这种两分法在20世纪像脸书上的猫视频一样在整个科学界传播开来。不同的科学领域,包括人类学、医学、新兴的心理学和精神病学,开始将与规范存在差异的人类描述为异常。作为残疾人权利活动家和学者,沙伦·L.斯奈德[1](Sharon L. Snyder)和戴维·T.米切尔[2](David T. Mitchell)认为,这不是一门关于人

---

[1] 沙伦·L.斯奈德是残疾研究领域的跨学科博士。

[2] 维夫·T.米切尔是残疾研究领域的学者、编辑、历史电影展览策展人和电影制作人。

类变异性的"客观"科学,而是一门判断科学,它将一些人归类并将其列为生物学上优于其他人的人。

体质人类学家开创了人体测量的先河,这些白人专注于测量人的头骨,这一做法被称为"颅骨测量法"。他们从欧洲各地的坟墓中收集了数千具头骨,并让数千人进行乏味的头部测量工作。他们在找什么?一开始,他们就在寻找"种族"类型。以体质人类学的创始人和领导者之一保罗·布罗卡[1](Paul Broca)的工作为例,他在头骨研究中忽略了"畸形"的成年白种人个体、儿童(白种人)和非白种人。他这样做是因为,如果一旦把这些人包括在内,"把所有人都看作是一个单独的群体,那么他就会犯一个严重的错误。这将意味着放弃寻找不同种族的颅骨特征"。也就是说,在开始之前,他已经认为有不同的种族。令人惊讶的是,他发现颅骨的大小证明了有不同的种族。这种选择偏差将人类分成不同的群体,并将非典型个体排除在每个群体的正常范围之外。大胆地猜测一下,他和其他大多数体质人类学家就哪种群体更优秀的问题的答案是一致的,即有钱的受过教育的白人。

1850年,意大利出现了一个被称为"犯罪人类学"的领域,该领域致力于通过使用各种各样的测量方法,发现"社会危险

---

1 保罗·布罗卡是19世纪的脑外科医生兼人类学家。

个体"并将其作为一个阶级和一个种族。这场运动的领导者是塞萨尔·隆布罗索（Cesare Lombroso），他分析了从下巴大小、鼻子形状到脱发情况的所有因素，得出的结论是："野蛮人和有色人种的许多特征通常在天生的罪犯身上被发现。"如果你感兴趣的话，我告诉你，实际上他的测量数据与犯罪没有任何联系。

似乎给人类群体贴上"天生罪犯"的标签还不够糟糕，随之而来的还有心理测量学。这种"科学"（这里的引用是绝对有根据的），专注于测量和量化内部主观状态，如智力、个性和性格。这个小组的创始人是弗朗西斯·高尔顿，我在前文提到过他，稍后会更详细地介绍他，因为创建心理测量学是这个人做过的最无趣或者说最可怕的事情。现在你只需要知道他是查理·达尔文的表亲。他曾受到达尔文对动物变异研究的启发，试图在人类身上做同样的事情。

高尔顿并不是第一个测量人类的人，但正如克莱尔和斯蒂芬斯所写的那样，他确实"大幅扩大了测量范围（包括测量对象）"。他与学校合作测量学生的视力和听力，让全英国的家庭每天测量身体数据。他是第一个开发心理测试的人，该心理测试包括反应时间、视敏度和语言能力；他也是第一个在"遗传天才"研究项目中研究"智力"的人。高尔顿做这些测量的目的是什么？用他的话说："给人类的身体和精神划分等级。"猜猜哪个组得了F？答案显而易见，是我们这些异常的人。

我相信你已经注意到，这种通过测量、分级判断人类的新科学，不仅创造了一个等级体系，而且还将这些分类中的人进行了病态分类。病态化就是给一个特征贴上疾病或者残疾的标签。随着这一概念的引入，异常在19世纪中叶成为医学界的"殖民地"。这个时候，医生们正从过去用水蛭和小刀治病的坏日子中走出来，获得了更高的社会地位，部分原因是科学家发现了一些疾病的物理根源，医生在拯救生命方面有了进步，而不是像以前那样把人治死。

从19世纪到今天，医学界一直把预防疾病和控制异常作为专业力量的源泉，这尤其适用于"精神医学"。在19世纪中后期，现代精神病学诞生了，它关注人类行为的偏差和异常。此时出现了一个扩展的类别，称为"综合征"，指的是一些怪癖，如广场恐怖症、幽闭恐惧症、盗窃癖、暴阴癖、受虐癖等。这一时期，同性恋首次作为一种病理综合征出现在精神病学文献中。

在19世纪末20世纪初，正常与异常的概念同医学上的健康与不健康的概念混在了一起，开始被用来贬损人类在生物学上的劣势。现在，整个人类群体都发现自己属于病态范畴。

例如，1904年在法国学校苦苦挣扎的学生（像我这样口音更酷的孩子），在一份官方的国家报告中被称为"身体上、智力上和道德上都不正常的孩子"。同性恋，在人类被创造的时候就已经存在了，却被宣布为"变态"，并且在整个欧洲都是非法的。黑人被贴上"次等人"的标签，逃跑的奴隶被诊断为"漫游癖"（在当时作为对逃跑奴隶的一种临床诊断）。女性被"科学证明"在生理上不如男性（公平地说，"正常人"这个说法是从《圣经》里找到的）。过去被认为是迟钝或简单的人，在全世界范围内被重新归类为弱智、有缺陷和应该被监禁的人。

这是一个很长的列表，会一直延续下去，变得冗余。归根结底，几乎所有偏离钟型曲线中间的人都被归为病态和不正常。差异变得异常，正常被用来划分社会不合格类别，基于一个狭小的人类差异值的连续体——其总数为零。这种基于生物学、科学上的"合理歧视"使许多人成了不合格的人，并对这些非典型的身心产生极大的影响。正是在这个历史时刻，差异变成了残疾、异常和病态。从这里开始，这种医学模式成为社会理解、表达和对待认知和身体差异的基础。医学模式使差异成为疾病的同义词，并将社会"问题"放在人身上而不是人周围的环境中解决。

这种大分类和将差异病理化的情况至今仍然存在。这是很危险的，因为如果有一件事是我确定的，而且是完完全全确定，那就是把偏离规范定义为缺陷、紊乱或异常。这是将一个人变成有问题需要被解决的人和有毛病需要被治疗的患者的第一步。虽然《晚熟的狮子》是我喜欢的一本书，但我知道一个事实：如果小狮子利奥在"G女士"的班上，那一定会被毁掉。

～

彭尼坎普小学503号房有很多别名：柏油房、快车房、短巴士码头、资料室和特价房。我的老师叫"G女士"，威风凛凛地站在我前面。在我眼中，她没有个性、没有历史、没有希望，也没有梦想。我敢肯定，事实上她有35岁，已经成家，或许还有一条狗。和我们大多数人一样，大多数时候她都很困惑。你就一直装吧，G女士。

我上她的课的第一天，她让我坐下，对我的个人教育计划（IEP）做了评估。这是处于特殊的教育环境中的学生们经常会有的一份文件。IEP是我学习的工具，但别搞错了，这份文件其实是监视文件。别误会,克格勃[1]和美国国家安全局[2]对个人教育计划一无所知。以下是我的档案内容:注意力不集中、过度活跃、文笔拙劣、语音意识低于年级水平、辅音拼写混乱、执行能力有缺陷、组织能力和语言能力有问题。

那我的其他方面呢?

和G女士谈过之后,我和503房间的其他孩子见了面。我们没有眼神交流。一些孩子和我一样是新来的,一些不是。他们都有像我这样的档案,不同的是偏离标准的程度,但在需要的干预措施这方面,我们是一样的。我在学校见过这些孩子,也认识他们。史蒂文(Steven)的寸头有一个鼠尾辫,他非常渴望成功,总想抄我作业。玛丽(Mary)总是在哭,发誓要让自己看到颜色。本(Ben)身体的大部分没有知觉,因为老师们说他有脑瘫。他说话的声音听起来像在吸吸管,我以为他的脑子坏了。接下来是朱利奥(Julio),大家都知道他就是个坏人。我很惭愧地承认,我曾经把这些孩子中的许多人叫作弱智、笨家伙、怪胎、蠢货、白痴、傻瓜。但现在我是他们中的一员,所以也就

---

1 克格勃,简写为KGB,全称"苏联国家安全委员会",与美国中央情报局、英国军情六处和以色列摩萨德,并称为"世界四大情报机构"。

2 美国国家安全局,简写为NSA,是美国政府机构中最大的情报部门,专门负责收集和分析外国及本国通信资料,隶属于美国国防部,又称"国家保密局"。

等于我给自己起了这些名字；正如我们中的许多人一样，出于蔑视，要把其他人打得落花流水，因为我们知道这是真相。

那间屋子，那份文件，G女士，那些把人分为不同类型的人，把不符合"正常"标准的人集合起来的做法和策略，并不是凭空而来的。这种对人的分类并不只是存在于过去，而是延续到了现在，就像玻璃碎片一样，互相折射和映照。它刺伤我们，使我们受到了深深的伤害。G女士和其他把我送进那间教室的人都不是坏人。如果他们是坏人，那反倒好办。如果是坏人在做这种事，带来的伤害反而小一些。但这是善意的犯罪，这是一种由关心他人的人所犯下的罪行，他们每个人都在某种机构和系统中工作，而这种机构和系统今天仍然存在。

～

米歇尔·福柯将那些病态化并试图弥补差异的文化体系和制度称为"正常化社会"。我知道你可能听腻了这个人的名字，但在我探索"正常"的社会力量的过程中，福柯就像"蓝色牡蛎膜拜"（Blue Öyster Cult）乐队的主题歌曲，你永远听不够。福柯比其他任何一位学者都更能表现出常态文化力量的腐蚀性。福柯在一本名为《规训与惩罚》（Discipline and Punishment）的书中记录的正常，是作为一种控制"生活本身"的权力的形式出现的。每个社会都对关于身体的义务、限制和干预提出了要求，但在正常化的社会中，对人们的要求是不一样的。社会理论家尼古拉斯·罗斯[1]（Nikolas Rose）称这种生物政治是一种新的社会力量形式，它"关乎我们日益增长的能力，尤其是控制、管理、设计、改造、调节人作为生物的重要能力"。在正常化社会中，社会控制的核心手段是对人、人的行为和人的特征进行统计支持的比较描述。成立这种类型的社会组织是为了使我们更相似而不是保持差异。

正常化社会以有关正常的抽象统计学为组织原则。学校、工厂、城市、城镇，甚至家庭的设计和建造，不是为了维持有差异的现状，而是为了实现这样一种梦想，那就是无论如何，我们可以而且也应该在某一天变得一样。学校是为钟型曲线的中间那部分人而设计的，核心的异性恋家庭被固化为常态；建筑、城市规划、工业生产和产品设计都采用"诺曼"或"诺玛"式的理想外形来塑造我们的环境。

正如福柯所记载的，人们在学校和工作中的判断标准，如智力、注意力、粗心、迟到、缺席、任务中断、疏忽、缺乏热情、不礼貌、不服从、闲聊、不符合规则的姿态、不讲卫生等以前是不存在的。所有这些都是基于正常观念对人类行为的新判断，

---

[1] 尼古拉斯·罗斯是英国著名的社会学家、社会理论家。

所有这些都是通过新的量化和控制系统来跟踪、组织和实施的，比如时间表、一排排的课桌、图表、数学表格、排名组、文件和大众营销。

在正常化社会中，我们中那些无法学会正常，或至少看起来不正常的人就成了需要被康复治疗的目标。正如法国历史学家亨利-雅克·斯蒂克所描述的，第一次世界大战之后，致力于将"异常"恢复到"假定的先前正常状态"的机构、政府系统和私营部门如雨后春笋般涌现。在这里，同样的梦想对不同的人来说变成了一种被强迫的现实。医学干预措施激增，以调整非典型的身心状态，针对"弱智"的新教学方法被发明出来。20世纪初，法国和美国政府各自成立了"康复"部门。1975年，在英国、法国和美国，特殊教育诞生了。

～

我要澄清一点，这个特殊教育并不是像G女士这样的中年教师在办公室里，喝着劣质咖啡，为了维持正常生活而策划的"邪恶阴谋"。特殊教育的发明是一种进步。在人类历史的大部分时间里，大脑和身体有差异的人被认为没有能力学习，进而被剥夺了受教育的权利。美国国家残疾委员会的一份报告指出，在联邦特殊教育法通过之前，许多州都有明确排斥某种类型的残疾儿童的法律，包括失明或失聪的儿童，以及被贴上"情绪障碍"或"智力迟钝"标签的儿童。例如，1919年，威斯康星州最高法院在比蒂诉安提戈市教育局案中做出裁决，即如果身体有缺陷的学生的存在令其他学生感到压抑或恶心，可以将他们排除在学校之外。根据同一份报告，即使到20世纪70年代末，"在美国，只有五分之一的残疾学生接受了教育。100多万名学生被公立学校拒之门外，另有350万名学生得不到教育服务"。

特殊教育在过去是一个大胆的想法，现在仍然是这样。它挑战了人们根深蒂固的信念，即所有人都有能力学习和成长。然而，特殊教育的方法、经验和目标可以追溯到用正常或异常来将人类群体归类为低等的历史时刻。引用当时一位著名思想家的话来说，特殊教育"应该是一个筛子，用来筛选出不能自立的人、不遵纪守法的人以及不去不良儿童收容所就得不到监管的人。政府部门应作出规定，对这些儿童进行研究，确保他们在离开学校去工作之前，能够进入一所收容有缺陷儿童的机构接受教育"。虽然特殊教育的起源是隔离和监管不正常的儿童，但到了20世纪50年代，它开始致力于"校正"残疾人。第二次世界大战后，一种常态文化推动了康复工业的发展。这种文化致力于寻求"修复"和"治疗"与常人有异的人，而不是包容他们。

像特殊教育一样,这些康复系统出现的目的绝不是要围绕差异的现实建立一个真正的、对人有益的世界。不是这样的,斯蒂克写道,调整必须是针对社会的,因为社会建立在当下。建立这些系统是为了标准化,就像前面说的,非要把圆形木桩插入方形洞口。

～

在503房间,我曾经是那些孩子中的一员,成了一个需要纠正的人。我要纠正的事情包括我的笔迹,毫无疑问,这是现代世界最重要的成功技巧。我纠正笔迹的经验遵循了特殊教育教科书中的最佳做法。首先,我纠正了坐姿,将身体和桌子之间留有两个手指的距离,双脚平放在地板上,纸张与写字的胳膊成45度角。接着用大拇指和食指靠近钢笔或铅笔的笔尖,中指应弯曲在笔下,并将笔放在指尖和第一个指关节之间的区域,无名指和小指应向手掌弯曲。

然后是写字母。正如无数手写教学手册中所述,形状相似的字母写出来高度应该相同。例如,字母(a、c、e、i、m、n、o、r、s、u、v、w、x、z)的大小应为上伸部(b、d、h、k、l、t)和下伸部(g、j、p、q、y)的一半。前者大写时的高度应与上伸部小写时的高度相同。一个单词中每个字母之间的间距应该相同。每个单词之间的间距也应该是一致的。我用我的小拇指来测量字母之间的正确距离。我通过用手指描摹字母表中的每个字母来练习写字母。如果是一位追求进步的老师带我了解最新的动态学习创新方法，我就读字母。所有这些占了我一天中45分钟的时间，为老师在电脑上做报告提供了充足的时间。

我以前没告诉过太多人，我有语言障碍。这个障碍是什么，我到现在都不确定。我知道，即使是现在，人们也经常问我来自哪里，是不是欧洲人。但那主要是在美国中西部。我卷起舌头发"r"的音，这种口音让人们觉得我好像出生在南波士顿，在布鲁克林被一群流浪汉抚养长大。我觉得很酷，但这样发音被认为需要纠正。我被告知要伸直舌头，我的嘴型被调整了。我站在镜子前反反复复地练习一句带有"r"的绕口令。这有用吗？现在还经常有人问我是不是新西兰人。

伯尔赫斯·弗雷德里克·斯金纳[1]（Burrhus Frederic Skinner）资助了很多我曾就读的学校。操作性条件反射是一种行为调整，行为学家首先将其应用于鸽子身上，这是控制鸽群的首选方法。当我还在上学的时候，特殊教育就像是一张大的贴纸

---

1 伯尔赫斯·弗雷德里克·斯金纳，美国心理学家、新行为主义学习理论的创始人，也是新行为主义的主要代表。

图,由代币制经济驱动。学生们安静地走进教室,拿个代币,马上开始工作;拿个代币,举手;拿个代币,安静地坐着;拿个代币,打扫桌子;拿个代币,说声请和谢谢;拿个代币,表达创新的想法或者没有想法。然后根据每个人手中拥有的代币的数量填写"小金星行为表",史蒂文以拥有20颗金色的星星位居榜首,莎莉(Sally)有15颗星星,雅各布(Jacob)有10颗星,我有100颗星,但我所有的星星都是黑色的。

接下来是纠正发音,正如一个流行的阅读程序所概述的那样,桌子上放置一套索引卡,上面有单独的字母。老师给我看了一张卡片,然后说"请跟我一起念'/e//e//e/'的发音"。我跟着老师一起读这个发音。她说,"现在自己试试吧"。我自己开始念。相信我,这听起来很有趣。

读完卡片之后,老师告诉我,我会听到两个单词,只有一个字母发不同的音。我的工作是:在开始、中间或结束时识别这些不同的发音。老师说"猫、胖(cat、fat);地图、拖把(map、mop);说唱、老鼠(rap、rat)"。我说它们很押韵,回答错误;我说猫可以用拖把让那只胖老鼠减肥,回答错误。她告诉我要做的是辨别音素的位置。

我请她不要说拉丁语。

她对我说:"听着,我的小狮子玩偶喜欢用语言表达声音。

'妈妈'的发音是'/m/~/o/~/m/'。跟我一起读'妈妈'这个单词。"

我问她是不是疯了。

～

我的父母和许多老师，尽他们最大的努力来纠正我的问题。在小学，每周五都是拼写考试日，作为结束一周的方式，这简直太"刺激"了！拼写考试日之前的每一天都是拼写识记日，作为度过一周的方式这简直太"有趣"了！星期一得到一张新的单词卡片，星期二是在沙子上画单词，星期三是用积木造单词，星期四是围绕单词做解释性舞蹈动作，星期五依然考试不及格。

然而，在某个星期五，我来到早餐桌旁，这里没有新的单词卡片、积木或任何能让我临阵磨枪的东西。那天妈妈带着我逃学了，我们一起去了动物园。之后，几乎每周个星期我们都去动物园，在我的记忆中一直如此。我能活到今天，多亏了这些美好的星期五。

我爸爸也尽了最大的努力，虽然不是十全十美，但还是很棒的。我爸爸比我妈妈更难抵抗"诱惑"。不知为何，那种"矫正"我的文化会让他如坐针毡,他经常冲我大喊大叫,要求我振作起来,加倍努力学习,或者威胁说我会在高中辍学。他变了,不是吗?所以我也应该改变。

我现在明白了。所有那些哲学博士、医学博士、评估测试和教科书,都用很多科学词汇告诉你,你的孩子是有问题的、不完整的、有缺陷的,然后宣称你的工作就是"矫正"他们。这是让人很难抗拒的。这是一场科学客观性的"风暴"。

我的许多老师也在这场"风暴"中迷失,但也不是所有的老师。在我读三年级时的某一天,我的老师R先生表示,因为我擅长讲故事,所以可以成为一名作家。

"一名作家,"我笑着说,"我连拼写都不会。你疯了吗?"

"别管拼写了。"这是他的回答。

但我的老师大多像R先生那样,他们不是坏人。事实上,大多数时候情况恰恰相反。他们都是决定把自己的一生奉献给孩子的好人,只是照着课本上要求的那样做而已。这种"风暴"医学模式将残疾定义为需要干预和纠正个人身体的一种属性。在这场风暴中,我失去了自我意识,因为从一开始就知道,无论我妈妈说什么,我都不是什么"与众不同",我就是有缺陷。

在规范圆形钉的侵入性治疗的历史长河里，我的矫正经历不过是一个短暂的插曲。在正常化社会中，正如沙伦·L.斯奈德和戴维·T.米切尔写的那样，各种各样的差异变成了需要消除的缺陷和异常。这有几个例子：从19世纪到现在，治疗同性恋这种"异常"的方法包括子宫切除术、输精管切除术、阉割、阴蒂切除术、化学睾丸阉割术、外阴起泡术、电休克、药物治疗、脑叶切除术、祷告以及转化疗法。

在我读过的一个例子中，一个叫迈克尔的男孩喜欢玩女孩的玩具。这让他的父母很担心，所以他们把他带到性别精神病医生那里。通过单向镜观察迈克尔，医生告诉他的母亲，如果他想玩与他性别不符的玩具，就不要理他。在家里，这些专家制订了一个行为矫正计划，其中包括如果迈克尔做出了与他性别不符的行为，就会被父亲打屁股。

以下是1990年一位父亲为他的失聪女儿做听力治疗时的描述："在言语和听力诊所，我接受了约束女儿思维的训练。就像把脚拧成莲花钩一样，别人鼓励我要强迫她，把失聪的人的思维变成能听到声音的人的思维。在她发出任何声音之前，我不能理会她做出的任何手势。我强迫她戴助听器，不管她如何抗争。毕竟让失聪的人拥有听觉是很有吸引力的。"

在20世纪，所谓的"异常大脑"需要通过切除大脑额叶的手术来矫正。这个手术需要切除大脑前额叶皮层的连接。从20世纪50年代初开始，一位名叫沃尔特·J.弗里曼（Walter J. Freeman）的医生从一个州辗转到另一个州，在人们家里进行额叶切除手术。根据描述，弗里曼医生让一个病人把头往后仰，然后拿出一个冰锥，简单用抹布擦一擦，接着把冰锥从病人的眼窝塞进额叶下部，猛地一甩，取出冰锥，用抹布擦擦，然后戴上帽子，拿上报酬，整个过程行云流水。弗里曼尽管没有接受过正式的手术训练，但从50年代到60年代末，在23个州进行了3439例大脑额叶切除术。其中，60%的患者被诊断为精神异常，40%的患者被认为是同性恋，术后死亡率为14%。

直到今天，这些矫正的尝试仍在继续：我的朋友黛比（Debbie）有一个女儿名叫休（Sue），她患有唐氏综合征。休出生后，俄亥俄州的一名社工来看望她，并给了黛比许多"治疗"孩子的建议。这些建议包括：每天数她的步数，对她的身体进行约束，在她长大后提醒她患有遗传病，对她的学业和工作别抱太大期望，实施一个包括抑制情感、身体接触和爱的行为矫正系统。

表面上，这些关于矫正的故事看起来并不相同，但实际上，它们的核心都是一样的。成为"异常"的人就会被剥夺作为完整人的权利,要通过名为矫正和干预实则是伤害的方法让你重新变得正常。当一个人被病态化,他就变得不如人,而其他人就会对他做出可怕的事情。

～

那么,为了能插入方形洞口而改变自己的圆形木桩,什么时候会折断呢?1988年10月的某个时候,我开始出现精神分裂,那时在读六年级。我常常觉得在房间的角落里好像能看见另一个自己。我开始搓我的眉毛,然后迷上了头发的分叉,并会把任何不规则的头发拔出来。我以为我得了癌症,然后又得了艾滋病,因为我在舌头上发现了一些白点。那年早些时候,一位老师给我们布置了写作任务(多亏了精神分裂,我想不起来这位老师是谁了),我想这是我证明他们都错了的机会。我想告诉他们,我不只是一个有语言问题,写字像鸡爪刨地,还有胎儿级语音意识的人,我要让他们知道我是名作家,而作家都不是傻子。

那天回家后我坐下来,试着描述脑海中所有盘旋的画面、声音和感觉。但这没用,我脑子里的大多数单词都没能被写在纸上,而那些写下来的单词又都写错了地方。所以我做了我一直在做的事情：用我能找到的写在房间里的单词来简化它。我会写的只有含有三个单音节单词的句子，即使我的笔迹再糟糕也能被认出来。我可能又要"不负众望"地被他们看低，又会变成他们说的那种孩子。一小时后，我妈妈走进我的房间。

"你在做什么？"她问。

"写一个故事。"我说。

她的眼睛亮了，因为她知道我能讲出故事来。她也认为这是我的机会。她看了我的纸，上面什么都没有。

"怎么了？"她问。

"我怎么也写不出我脑子里的想法。"我说。

"那就别写了，"她说，"告诉我吧。"

"我能做到吗？"

"你觉得过去人们围坐在火堆旁，是为了不想被剑齿虎吃掉吗？不，人类会讲故事。他们那时没有铅笔，不能把故事写下来。你当然也可以这样讲故事！"

所以我照做了。我口述了一篇多达十页的关于亚瑟王和圆桌骑士的故事给我妈妈听，这是我的代表作。几周后，我上交了作业，校长走进我的教室，对我的老师耳语了几句。老师的目光朝我的方向扫去,点了点头。她慢慢地走近我的桌子,对我说校长想见我。

"为什么?"我问。

"谈谈你的故事。"她说。

我从椅子上跳了下来,知道我之所以被召去见校长,是因为写了彭尼坎普小学历史上最好的故事。我将被授予彭尼坎普散文奖,学校门前将悬挂一块纪念匾。瞧我的故事多厉害,我克服了障碍。我向上帝发誓,我要在出门时和前排的孩子击一次掌。

当我进入校长办公室时,妈妈也在那里。她似乎也被召唤来分享我们的荣耀。我们一起证明他们错了,这是他们的过错。迟到总比没有好。我坐下了。

"乔纳森,"校长说,"请告诉我们,你为什么从别人那里抄袭这个故事。"我妈妈看起来很伤心。她连一句脏话都说不出,真是伤心。我被吓到了,所以我们离开了校长办公室,永远离开了学校。

那天下午我回到家制订了计划,还写了便签。这不是一项深思熟虑的计划,但却是我自己的计划。我有一杯水和一瓶阿司匹林。我坐在那里,什么感觉也没有。我打开灯,走近我的鸟——查理，对它说再见。我把它从笼子里抱出来说对不起。它吻了吻我的脸说："嗨，乔恩。嗨，乔恩。嗨，乔恩。嗨，乔恩。嗨，乔恩。"我放下那瓶药片。我不能这样对它，或者伤害妈妈。他们爱我本来的样子（一个圆形的木桩），在那一刻，这些就足够了。

～

我想让你们知道，我认识的大多数接受特殊教育的孩子，他们的大脑和身体都有差异，但对他们的纠正却让他们迷失了方向。在所有少数群体中，这类人毕业率最低，监禁率最高，失业率最高。

这不是个人问题，而是系统性的问题。对具有非典型身心状态的人的偏见是"正常"文化的核心。全国残疾人权利网络和政府会计办公室的一份报告披露了大量滥用特殊教育案例：

密歇根州一名患有自闭症的15岁男孩去世。校方四名工作人员在他去世前将其双手捆在身后，按住其双肩和双腿，并在他腹部按压了60~70分钟，45分钟后他失去了反应，但是对他的束缚仍未解除，最终他停止了呼吸。

加州的孩子们被安置在禁闭室里。在必要情况下，他们被禁止使用洗手间。这就迫使学生们在无法"控制"自己的情况下只能坐在自己的小便里。

在加州的一个乡村学校,一个患有多种残疾的不会说话的10岁男孩被绑在轮椅上,在两天里都被留在停车场的校车里好几个小时。他的手腕用从面包车里安全背心取下来的部件绑在轮椅的扶手上。他的腿在脚踝处被人用尼龙搭扣带子捆在一起。在一次对学校的临时访问中,他的母亲发现他独自一人被绑在小货车的轮椅上无人看管时,非常愤怒。

在加州,还有一名助教拖着一名患有唐氏综合征的9岁儿童穿过游乐场。儿童的下背部和上臀部有明显的皮肤擦伤,需要治疗。

一名行为控制人员在试图控制一名患有双相障碍和自闭症的男孩时,折断了他的手臂。经急救室工作人员证实,男孩患右臂螺旋形骨折。一名巴士助手带他去参加他的课后活动,并告诉警方,整个活动过程中这孩子都在哭泣。

在北卡罗来纳州,有精神疾病的孩子们会被老师用胶带粘在椅子上,并锁在壁橱里。

41%的州没有关于公立学校中管制或者隔离儿童的法律或指导方针,90%的州允许强制管制。残疾学生受到体罚的比例远远大于一般人。这远远超出了特殊教育的范畴。

鲁德曼家庭基金会（Ruderman Family Foundation）的一份报告显示，一半的警察枪击案涉及认知或身体异常的人。有智力障碍的妇女被强奸和遭受性暴力的可能性是正常人的22倍。人类从这"伟大"的分类中得到的"诊断"术语，如"白痴""傻瓜"和"笨蛋"，在流行文化中经常被随意使用。残疾人比普通人更容易失业和成为被虐待的受害者。

这是悲剧的证据吗？不，这是犯罪。

我的妈妈、爸爸、史蒂文、埃利奥特还有我以及数百万的其他人都陷入了一个庞大的正常化系统的循环之中。具有讽刺意味的是（或不是），这个系统已经成为我们的常态，并渗透到我们文化的核心。我们比以往任何时候都更了解系统性的性别歧视和种族主义的长期影响。但是，我们是否完全理解并谴责系统性的体能歧视的影响呢？我们真的要这样称呼它吗？我不这么认为。2001年，美国最高法院在阿拉巴马大学董事会对加勒特一案进行裁定，该校没有系统性歧视残疾人士的历史。尽管从19世纪80年代开始一直持续到20世纪70年代，数以百计的城市采取了所谓的"丑陋法律"，专门禁止许多身体有差异的人出入公共场所。

这是芝加哥当年施行的法律："任何患有疾病、残废、缺少肢体的人，或以任何方式变成一个难看的或者令人作呕的对象，或一个行为不当的人在道路，以及在这个城市其他公共场所出现时，不得将其身体暴露于公众视线，如有以上罪行，罚款1美元。"

正如社会学家比尔·休斯（Bill Hughes）所写，大脑和身体存在差异的人受到了某种程度监督的摧残和贬低，这种监督在历史上是没有可比性的。这些人被医学病态化，放在"特殊"的范畴。"正常"体系不会放过任何一个人，没有人是不规范的。通过进行非正常人的压制，"正常"才得以实现，但把残疾人作为一种社会类别来将人类的不完美隔离开来，并加以对待，则是肯定了一种"幻觉"，即所有的身体和心灵都可以而且应该是一样的。

把你定义为异常就是在告诉你，你应该变成另外一个人。规范意味着要有规则，一直以来，我们不断地对任何不符合武断的正常标准的人这样做：强行把你变成另外一个人，这样你就符合标准了。

第四章

方洞口

> 他们误解了我,误解了我们所有人。
>
> ——卡丽·巴克[1]（Carrie Buck），
> 弗吉尼亚州立癫痫与弱智收容所1692号病房病人

> 不难想象,有一天,高度组织化、机械化的人类群体将以一种相当民主的方式宣告天下:为了人类整体的利益,有必要"消灭掉"其中一部分人。
>
> ——汉娜·阿伦特[2]（Hannah Arendt），
> 《极权主义的起源》（*The Origins of Totalitarianism*）

---

1 卡丽·巴克是1924年弗吉尼亚州一项法律的受害者,该法律规定对所谓的"弱智者"进行绝育。

2 汉娜·阿伦特是美籍犹太裔政治理论家、极权主义思想的研究者。

2011年秋天，我在威廉斯氏综合征协会（Williams Syndrome Association）举办了一场主题演讲。威廉斯氏综合征（简称WS）是一种先天性疾病，症状包括出现心血管疾病、发育迟缓、学习障碍。但这类患者通常自带出色的语言天赋，并且具有高超的社交能力和充满活力与想象力的喜人性格。很快，我就感受到了这点。

米歇尔（Michele）是一位患有威廉斯氏综合征的年轻女子，我在登记处碰到了她和她的父亲比尔（Bill）。米歇尔一上来就给了我一个熊抱，大喊："你是最牛的作家，最棒的演讲者，没有之一！我们爱死你了！"比尔握了握我的手，说道："要是连我女儿都不夸你，说明你的演讲可能真的不咋地！"

我们一起去吃了午饭。我了解了米歇尔的患病生活。她在家乡的一家小型女装店里做售货员（"这是最棒的工作！"）。她和父母住在一起（"我爱爱爱爱死我爸妈啦！"），交了一个男朋友（"我们会一辈子在一起！"）。米歇尔时刻都有可能受到心血管疾病的困扰，在一些认知任务上也总是遇到问题，如无法辨认空间关系，不会算数，抽象推理能力差。可以说，她的生活几乎无法自理，但她很快乐，比尔也是。我从威廉斯氏综合征协会得知，像米歇尔这样的患病的孩子，超过95%的父母都认为这些孩子给他们的生活带来了不可想象的快乐和感悟。

午饭过后,父女俩陪我来到演讲者接待派对。通常,这种场合是最无聊的,但这次不一样。如果你从来没有和超过500位威廉斯氏综合征患者共聚一堂,那就白活了。他们的聚会简直就是一场摇滚派对(这些家伙很爱音乐)。这个聚会既有点火人节的感觉,又有点狂欢晚会的味道,还有点疯狂版米奇欢乐屋的即视感。这是我参加过的最有气氛、最欢快的派对。快要离开时,米歇尔给了我一个大大的拥抱,比尔看起来有点难过。我问他怎么了,他跟我分享了一些与患病人群息息相关的消息。原来,主流药物对他们的治疗效果很不乐观,95%以上的孕妇发现胎儿患病后都会选择流产。一些基因研究协会判断,可通过基因工程在母亲肚子里"治愈"这种失调综合征。比尔指了指旁边的人群,称"未来他们很可能就是濒危物种了"。

别傻了,你觉得不正常,不代表别人也这么认为。纠正差异,往往就等于消除差异。

～

我曾在个别暴力案件中提到过这种黑暗,即以暴力方式破坏差异。这种在20世纪初出现的更可怕、更系统的想法:一种消除大脑和身体差异的运动,被称为"优生运动"。这个名字读起来朗朗上口。没错,要不是因为它是个如此邪恶的术语,拿它给托儿所、幼儿园起名字还是很不错的。

尽管"优生学"这个词的涵盖范围很广,历史来源复杂,但优生运动的目的却再直白不过:消灭世界上存在的缺陷。我知道这句话听起来很夸张,但这是因为人们还不太理解优生运动,而且它没有受到应有的谴责。优生运动并没有被纳入针对少数群体的犯罪,但它就是一种犯罪,我们需要了解它的历史,因为它依旧存在。

我想说的是,生活中我们可能会遇到许多像乔治·奥威尔(George Orwell)的小说《1984》(1984)中删减的情节,或者常常听到像"有缺陷的""低能的"这类临床上的"阴险"词汇,请不要大惊小怪,接受它吧。许多优生学家可能都去兼职做反乌托邦小说家。由于运动中根植的陌生感,优生学早已在我们面前隐匿。

优生运动与19世纪和20世纪对人类特征的分类有关。当时,统计学家在计算人类的标准值和平均值,心理学家和精神病医生在诊断和治疗那些最终出现在钟型曲线代表错误的一侧的人。同时,达尔文还彻底改变了我们对人类起源的理解,认为进化是由遗传特征推动的,这些遗传特征是在很长一段时间内从被证明对物种生存有利的"突变"中选择出来的。这是人类差异史上的一个关键时刻,因为达尔文本人认为突变的概念是不可知的(它是好是坏,取决于其结果),他相信人类的变异是由于受到进化的驱动。斑马变异后长出了长脖子,仰头吃树上的树叶,变成了长颈鹿。西进运动中,人们不畏艰难,开拓进取,才有了如今的加利福尼亚。一些猿猴变异后长出比同族更大的大脑,变成了人。

显然,不是所有人都认为变异、突变和差异是积极的,甚至存在不可知论。一些别有用心的人将"达尔文认为进化由遗传特征决定"加以歪曲利用,狡辩称如果有人因遗传而有缺陷,那么他们就该永远消失。说这话的人名叫赫伯特·斯宾塞[1](Hebert Spencer),他发起了优生运动。维基百科的资料显示他是英国的哲学家、生物学家、人类学家、社会学家和著名的维多利亚时期政治理论研究家。但别忘记,斯宾塞还是一个彻头彻尾的混蛋。他故意歪曲了达尔文的进化论,美其名曰"适者生存",并且利用该口号,呼吁政客颁布相关政策并立法,为"社会达尔文主义"造势。简言之,斯宾塞认为,"一切不完美都该消失"。

具有讽刺意味的是,许多杰出的优生学家都是极其古怪的人,而这些人正是要被淘汰的人。我们以前见过这种悖论,将来还会再见到。实际上,我们现在就能看到:创造"优生学"这

---

[1] 赫伯特·斯宾塞,英国哲学家、社会学家、教育家。

个概念的高尔顿就是自我厌恶型人格的典型例子。我们之前提到过高尔顿，那个达尔文的表亲。他以医生的身份开始他的职业生涯，然后离开医学行业进入新兴的统计学领域。那个家伙特别喜欢数数。事实上，他有一句座右铭，我正在考虑把这句话印在T恤上："每时每刻都要数数。"然后他就真的去数数了，而且十分痴迷。他数了听他演讲时坐立不安的听众，数了浴缸里的波浪，数了街上胸大的女士，如他所言："我用各种方法调查她们，并在空闲时将结果列成表格。"

他对数数的痴迷正是时候。那时，统计学作为一个研究领域正在蓬勃发展，高尔顿也加入其中。他成了一名专家，专注于人类特征的可变性，然后把阿道夫·凯特勒的表格重新命名为"正常曲线"。高尔顿将正常曲线作为一种方法来排列观察到的遗传模式，并确定他认为需要改进的地方。他把对计数和研究遗传特征的热情投入到一项被称为"遗传天才"的智力研究中。他研究了智力和创造力等特质是如何在特定家庭中遗传的（他总结说喜欢数数的英国白人都很聪明）。他在一封信的结尾提出了一个最终影响了整个世界的反问句，但结果证明，这个反问句没什么效果："为什么不能除掉有问题的人，让没问题的人越来越多呢？"

我讨厌那些看似反问但其实说到底就是在陈述的话。拜托，老兄，就不能有话直说吗？不过最后高尔顿的确直接表明了自己的观点，开始利用当时新型的科学——如今我们所称的基因学，呼吁优化人类种族。他将其称为优生学[1]（Eugenics），词源是希腊语，由"优秀"和"出生"两个单词组合而成。

高尔顿没有涉及最邪恶的那部分，也就是后来演变成优生运动的部分。他想要的是"积极的优生"——这是一个所谓的矛盾修辞，通过鼓励优生来优化钟型曲线中代表正确一端的人群。他提出"战略配对""优生配偶"这样的婚姻法来鼓励"优生优育"，为优质人群提供良好的"社会环境"以繁衍生息。

我真希望关于优生学的故事到这就结束了，高尔顿在维多利亚时期的一个浪子俱乐部数着女人的胸部，听到这儿我们大笑一番，然后翻篇。可惜，真实情况完全相反。高尔顿的优生学流行开来，其理论被应用到正态分布曲线的另一边。不说他这个人了，下面我们来谈谈不完美这件事。

逐渐传播开来的消极优生学怎么就成了优生运动的焦点？一方面的原因比较复杂，即在一个纷繁混乱的社会环境中，同时出现了许多不同的科学领域和视角；另一方面的原因

---

[1] 优生学，即利用遗传学原理来保证子代有正常生存能力的学科。其起源于英国，意思为"健康遗传"，主要研究如何用有效手段降低胎儿缺陷发生率。

则很简单，即我们都希望别人在社会等级的排序上低于自己，于是将他人的缺陷分门别类，这恰好就成了优生学家的完美的攻击对象：不正常的和有缺陷的。

但说实话，斯宾塞和高尔顿只是纸上谈兵，要记住，他们可是英国人。优生运动来到美国之前，只是人们日常闲聊的话题而已，而美国人不仅会说，而且都是实干家。在推广优生运动这方面，美国人大获成功。查尔斯·达文波特引领了美国的优生运动。他虽然没有提出美国版优生学，但美国版优生学已经在种族主义、反移民情绪和20世纪初期美国城市化进程的泥淖中发酵（1800万人口在1890~1920年这段时间来到美国）。

达文波特是一位杰出的生物学家、哈佛生物系的教授，在当时最负盛名的科学杂志上广泛发表著作。达文波特遗传了非常优秀的基因，就好像查理·达尔文遇见了格雷戈尔·孟德尔[1]（Gregor Mendel），并邀请他加入优生学俱乐部，前者是现代基因学的奠基人，后者是身材魁梧的奥古斯汀修士。哦，对了，高尔顿这时还在角落里数数呢。

开个玩笑，哈哈。

---

[1] 格雷戈尔·孟德尔是一位科学家，同时也是一位奥古斯汀修士和布尔诺的圣托马斯修道院的院长。

达文波特不仅是一名动物学家,还是布鲁克林艺术与科学研究所生物实验室的主任,该地位于长岛冷泉港,不是长岛版的哈佛。达文波特坐了一个多小时的火车和小汽车来到野外,研究澳大利亚海鼠妇、牡蛎和冬季比目鱼。我们都知道这些生物和人很相似,他绝对有资历评判人类。

在研究过程中,达文波特无意中接触到高尔顿的理论,立即变身高尔顿的粉丝,甚至想动身去伦敦和人家见上一面。可惜达文波特由于缺乏科学资历和社会阶层低下,不断被拒。他也是公开的种族主义分子,这点和他优生学家的身份联系紧密。他相信遗传定律能使不适者"消失"。他的口头禅是"我们需要更多的原生质"。但关于原生质是什么,他并没有解释,我现在仍然不知道这到底是个什么鬼东西。我想他可能只是单纯觉得这句口号比"我们需要更多正常的白人"要好听一些。

达文波特的重大突破出现在1902年,同年安德鲁·卡内基(Andrew Carnegie)出售了他的钢铁公司,创建了卡内基研究所(Carnegie Institution),后来更名为华盛顿卡内基研究所(Carnegie Institution Of Washington)。这是当时最大的慈善机构,也是世界上主要的科研组织之一。就在卡内基研究所成立几个月后,达文波特与该组织接洽,请求该组织资助在冷泉港建立的一个"生物实验站"。从表面上看，达文波特的建议是研究进化论，但"魔鬼"隐藏在细节中。是的，他的狐狸尾巴实际上并没有藏好，他写道："成立这个机构的目的将是对……种族改变进行分析性和期满研究。"后来又称，"人类的进步可能只有通过理解和应用这些方法才能实现"。

达文波特获得了资金，在冷泉港创建了后来的优生学记录办公室（ERO）。苏格兰移民安德鲁·卡内基来到美国时几乎不懂英文，他在优生症缺陷名单上排名靠前，这真是够讽刺的。撇开讽刺不谈，由一个没有资历的人在长岛的一个偏远港口经营的优生学记录办公室成为优生运动的中心，参加该运动的对象包括像美国优生学协会这样的组织。它不仅得到了卡内基研究所的支持，还得到了美国慈善、工业、学术机构和政府的支持，包括：洛克菲勒基金会、哈里曼家族（美国第三大富豪家族）、哈佛大学、普林斯顿大学、耶鲁大学、斯坦福大学、美国医学会、美国遗传学协会和美国国务院。

多年来，达文波特和其他人通过优生学记录办公室将一串串遗传和优生理论提炼成一个简单、容易理解的信息：有缺陷的人正在破坏这个世界，基因科学已经证明这是可以改变的，所以有缺陷的人必须消失。

根据一名叫埃德温·布莱克（Edwin Black）的调查记者所

说,该办公室宣称的目的是,"登记所有美国人的遗传背景,将有缺陷的种类与理想血统分开"。然而,优生学记录办公室不只是一个研究机构,而且还是一个综合的指挥中心。在那里,达文波特领导了一场全国性的大搜寻,寻找"不正常的""弱智的""不健康的"和"有缺陷的"人。按照他奥威尔式的说法,"优秀的人类原生质在这个国家涌动"。一组野外工作人员在全国各地寻找被其称为"被淹没的10th"的正常曲线。

这些有缺陷的人是谁?一位优生学家认为,"不正常儿童指的是被社交生活中那些与社会媒介相关的不利因素所折磨的孩子"。哇,这定义也太宽泛了,但却是很棒的科学定义。我的意思是,他们用了这么多高大上的词,肯定假不了。我懂了,还有谁?这是一份真实的名单:口吃者,穷人,以英语为第二语言的人,不会说话的人,偏头痛的人,有晕厥症状的人,患有结核病等传染病的人,有先天性疾病(如畸形足等)的人,聋人,盲人,有阅读障碍的人,患有唐氏综合征、癫痫、抑郁症、精神分裂症的人,酗酒的人,移民,失业人员,孤儿,以及在公立学校表现不佳的儿童。

达文波特和其他优生学家为了找出"我们中间的缺陷者"[这是另一个朗朗上口的词,我认为它还启发了电影《雾锁危情》[1]（*Gorillas in the Mist*）]，建立了一个全国性的监测网络，参考了来自慈善组织的数千份记录，42个弱智监护机构、115所聋人学校、350所精神病医院、1200所庇护所、1300所监狱、1500家医院、2500家救济院、1000多所学校的资料信息，以及举办了100多场"挑选更棒的家庭"的比赛。这些是什么？想一想国家举办的公平家畜竞赛，只不过参赛者变成了人类：参赛者提交了一份"家族特征简明记录"，会有一组医生对家庭成员进行心理和身体检查。每个家庭成员都会被评一个总体的优生健康字母等级，平均等级最高的家庭被授予银质奖杯。所有B+或等级更高的参赛者都会收到铜牌，上面写着"是的，我有很好的遗传基因"。如果你没有的话，你和你的爸爸妈妈就会被扔进打谷机，然后喂给上等肥猪。

这是个玩笑，但又不是个玩笑。

如果你考试不及格，他们确实制订了一个计划来帮你。它虽和喂家畜不沾边，却是一个真正的计划，名为《切断美国人口中有缺陷的种质的最佳实用方法》（*The Best Practical*

---

1 《雾锁危情》是1988年上映的美国电影。该片改编自女动物学家黛安·霍赛的生平故事，描写她在毫无经验的状况下于1967年前往非洲进行研究及保护野生猩猩的工作。当到达目的地时，她发现工作环境非常恶劣，但还是凭借坚毅不屈的精神学习跟猩猩相处，又组织自卫队跟猎杀猩猩图利的当地土人对抗，最后惹来杀身之祸。

Means for Cutting Off the Defective Germ Plasms of the American Population）。这部反乌托邦文学的杰作描写了18个切断种质的方法，其中一些是积极的优生时代遗留下来的，比如一夫多妻制和策略交配。但大多数都与最严苛的消极优生学相关：首先禁止非优生婚姻，然后对有缺陷的人进行监禁、绝育和消除。

公平地说，婚姻对于这群有远见卓识的社交人士来说，就像低垂的果实一样唾手可得。1895年，康涅狄格州已经将"非优生"婚姻和法律捆绑在一起，正如记者亚当·科恩（Adam Cohen）所写，"非优生"婚姻中未经许可的当事人要入狱三年，任何协助此类婚姻的人入狱五年。到1930年，已经有41个州有类似的禁令。

下一步就是：把他们关起来。这是他们的原话，不是我说的："掌控所有弱智的人，并让他们感到非常高兴，不是一件没可能的事。"另一个家伙将该计划的监禁场面描述为"在最幸福的条件下进行永久隔离"，这听起来像是一家分发反乌托邦幸运饼干的S&M俱乐部。到1914年，有36个州建立了与弱智人士有关的机构，其余的州建立了一些制度来管理"非正常人士"。据沙伦·L.斯奈德和戴维·T.米切尔所说，到1923年，有60%被确认为"弱智"的人已经被监禁；到1939年，74%的人已经被关押。社会学家詹姆斯·特伦特（James Trent）在其著作《发明弱智》（*Inventing the Weak Mind*）中指出，1967年是关押的最高峰，美国为弱智人士设立的大型公共机构在地方、州和联邦政府的全力批准和支持下，关押了200~300名身心残障者。

公平地说，我们的优生学朋友们，并不是所有的都是烈火式、会说双重话的暴君。许多人心里只想着如何让有缺陷的人获得最大利益。例如，马丁·巴尔（Martin Barr）是美国大型的优生项目机构之一的负责人，一心为"异常人"着想。永久隔离不一定是坏事。他认为不正常的人应该有一个属于他们自己的岛屿："难道找不到一个永久的殖民地吗？要么是在新到手的岛屿上，要么是在大西洋沿岸的空地上，要么是在处于适当监管下的遥远西部，这些岛屿可以成为这些无责任的人……的真正避风港。"这些殖民地将是一个乌托邦，在那里，有缺陷的人能够"在仔细的指导和监督下拥有受保障的自由，享受幸福"。

然而，这些机构不是乌托邦。一位父亲描述了他去马萨诸塞州一家名为贝尔切尔敦的机构看望儿子的情景。他看到"赤裸的病人身上沾满了尿液、粪便和食物，床单上到处都是呕吐物，还有几个无助的严重弱智的人躺在婴儿床上，蛆从他们感染的耳朵里爬进爬出"。某个州的官员约瑟夫·陶罗（Joseph Tauro）被分配到贝尔切尔敦的案件中，他暗访了学校后，证实了这位父亲的说法，并补充说，他看到"一个小女孩在喝装满粪便的马桶里的水"。

那是在1971年。

～

虽然他们大肆谈论他们的岛上殖民地，但优生运动实际上一直是关于消除异常的运动。如果你不相信我的话，那就听听他们的话，正如我在前面提到的出版物——《切断美国人口中有缺陷的种质的最佳实用方法》中所写的那样。

该方法概述了18项消除有缺陷的种质的行动。种族隔离和制度化通常是重要的消除手段，北卡罗来纳州一所为弱智人士创办的学校的负责人也表示："学校的最终目标是通过种族隔离消除种族中的弱势群体。"这实际上是他年度报告中的口号。他和其他人在这方面干得"风声水起"。一位记者称这些机构为"被忽视的安乐死"。伊利诺伊州的一个机构承认两个月内有10%的住院患者死亡，一些地方的死亡率高达40%。根据埃德温·布莱克的研究，在20世纪90年代，那些被认为是弱智的人的平均预期寿命是66.2岁。20世纪中叶，在优生运动的高峰期，这些人的平均寿命是18.5岁。

通过隔离来消除有缺陷的种质行动虽然有效，但缓慢且代价高昂。因此，在1914年1月，优生运动的组织者推出了一个更大胆的新想法：阻止有缺陷的人出生。他们选择了在有史以来第一次讨论种族改善的全国会议上来宣布这一重大消息。这是美国有史以来规模最大的优生学会议，有400名代表和数千名普通民众参加。由于参会人数太多，部分人不得不被拒之门外。对于正常的家庭来说，这是一件很有趣的事。会议人员举办了一些活动，包括智力和体力比赛，在比赛中对婴儿进行智商测试。正是在这里，优生学记录办公室的二号人物哈里·劳克林[1]（Harry Laughlin）（顺便说一句，他患有癫痫，这是优生学想消除的差异之一）通过分享"对拟订的绝育计划的考虑"，展示了这场运动未来的发展趋势。

先把这场尴尬的优生学演讲置于一边，我们清晰地知道：优生运动现在的任务是给不正常的人绝育。这不是第一次提出对有缺陷的人进行"绝育"的计划。1894年，堪萨斯州一位名叫霍伊特·皮尔彻（Hoyt Pilcher）的医生是现代第一个提出通过阉割来防止生育的医生，这给"堪萨斯州到底怎么了"一个全新的定义。他在就任堪萨斯州弱智人群之家的负责人时，阉割了58名儿童。这完全是违法的，但他的上级为他辩护说："那些现在批评皮尔彻博士的人几年后就会为他竖立一座纪念碑了。""立碑"这个说法不好，而应该说全国弱智机构协会称

1　哈里·劳克林是美国教育家、优生学家和社会学家。

赞他"敢为人先"。

然而，劳克林的计划要比托皮卡一个手拿屠刀的虐待狂医生实施的计划更有系统性，造成的后果也严重得多。该计划包括一项绝育示范法律，旨在为任何致力于绝育计划的州提供一个宪法典范先例。这项法律不仅针对有"身体缺陷"的人，也针对有"社会缺陷"的人。这些人被定义为"无论病因或预后情况如何，与正常人相比，未能长期保持自己作为国家有组织的社会活动中的有用成员"。验光行业的领导制订了一项计划，对每一位患有遗传性失明和其他视力障碍的美国人的亲属进行登记、围捕和强制绝育。儿科医生也加入了这一运动，他们会对婴儿进行检查和智商测试。通过与全国1000多所公立学校建立广泛的合作伙伴关系，一条从学校到手术台的流水线问世——致力于识别"跟不上同学的学生"以及其他"有缺陷"的学生，并把他们转移到专门为弱智人群服务的机构。

总共有超过1500万人被确定为绝育候选者。

这个计划大获成功，并在一首流行的优生学诗中予以纪念：

哦，聪明人，你们这些聪明人，拿起担子，

第四章 | 方洞口

把这个作为你们最响亮的信条,

迅速给不合适的人绝育——

所有那些不适合生育的人。

第一部有关绝育的法律于1924年在印第安纳州通过,类似的法律最终在其他30个州通过。从1925年到1927年,医生通常完全不顾病人的健康,大约进行了3000例非自愿绝育手术。来自弗吉尼亚州的一位名叫巴克·史密斯(Buck Smith)的绝育男子说:"他们给我吃了一些让我昏昏欲睡的药片,然后把我推到了手术台上。医生说,'巴克,我得把你的输精管扎上,然后你就可以回家了'。"巴克目睹了整个过程。医生捏紧了他的阴囊,做了一个小切口。"我一直都是清醒的,看到了整个手术过程。"当然,这是违法的,对吧?然而,优生运动已经为这一指控做好了准备,并计划从一开始就测试,希望能证明强制绝育的合宪性。他们认为,如果法院裁定绝育是合法的,那么这种做法将在全国推广。

1927年,这场运动迎来了新的机会。在位于林奇堡的收容所,一位名叫卡丽·巴克,编号为1692号的女性囚犯因患有癫痫和精神衰弱而被绝育。弗吉尼亚是美国最大的同类设施地,也是该州最大的绝育中心。卡丽发现自己在这里的原因和其他人一样——她很穷,人们认为她没有受过教育。由于她未婚就有一个女儿,人们认为她不洁身自好。她的母亲艾玛也是该收容所的一名成员。这段家族史是优生学家梦寐以求的,因为在他们的逻辑中,它证明了卡丽的缺陷是从母亲那里遗传的,因此可以通过绝育来预防。令优生学家非常高兴的是,不仅卡丽是"有缺陷的",他们认为她的女儿薇薇安(Vivian)也是"有缺陷的"。卡丽·巴克就好像是最高法院的优生学棋局中的完美棋子。

1927年10月19日,卡丽接受了绝育手术,手术严格按照林奇堡示范绝育法的规定进行。然后,收容所的前法律顾问以卡丽的名义将收容所告上了法庭。这为在优生运动中给有缺陷的人绝育的合宪性奠定了基础。卡丽·巴克的绝育手术的合法性判断最终来源于一名社会工作者对她三个月大的女儿进行的评估。以下是庭审记录:

法官:你对这个孩子有印象吗?

社会工作者:像她这么小的孩子,很难判断患病的概率,但她看起来不是一个正常的婴儿。

法官：你不认为这个孩子是一个正常的婴儿吗？

社会工作者：她看起来不太正常，但具体是什么原因，我说不上来。

这就够了。薇薇安注定会和她的母亲和外祖母一样被认为是有缺陷的。卡丽的案件最终被提交到以"巴克诉贝尔案"（Buck vs Bell）而著称的美国最高法院。1927年春，该法院裁定卡丽·巴克的绝育手术符合宪法。大多数人的意见是由奥利弗·温德尔·霍姆斯[1]（Oliver Wendell Holmes）写下的，他说，州政府有权为美国公民做非自愿绝育手术。从他的观点中引出的一段话很可能是一个优生宣言的前传："让社会阻止那些明显不健康的人继续从事自己的工作，而不是等着对犯罪的后代执行死刑，或者让他们因自己的愚蠢而挨饿，这种做法对整个世界都是更好的。三代白痴已经足够了。"正如计划所料，在最高法院做出裁决后，绝育手术出现了爆炸性增长。超过7万人被绝育。另外，如果你感兴趣的话，我想告诉你，薇薇安后来成了优等生。

---

[1] 奥利弗·温德尔·霍姆斯，美国法学家，于1902年至1932年担任美国最高法院的助理大法官，并于1930年2月担任美国代理首席大法官。

美国最高法院裁定，该州有权通过绝育手术来消除各种形式的差异。这就完了吗？并不是。优生运动的组织者从一开始宣称的目的就是消除差异。他们从不隐瞒这一事实："如果有缺陷者能够被人杀死，那将是一种善意的行为，也是对国家的保护。"这摘自他们的官方期刊《机构季刊》（*Institution Quarterly*）。

所以，干嘛不干脆把这些有缺陷者都杀了呢？嗯，其实这也是他们计划的一部分。《切断美国人口中有缺陷的种质的最佳实用方法》的第八条规定是：对那些被认为毫无价值的人实施安乐死或"无痛杀死"。我讨厌唠叨，但这不是安乐死，安乐死通常是指结束一些绝症晚期患者的生命。而这是谋杀，这个术语通常是指杀害另一个人。

杀死有缺陷的人这事最终成为好莱坞电影制作的灵感。是的，1917年，这个运动有了自己的电影《黑鹳》（*The Black Stork*）。这部电影讲述的是有人告知一对不符合优生政策的夫妇不要生孩子，因为他们很可能是有缺陷的。这对夫妇无视这一警告，生下了一个"有缺陷的孩子"，然后任由其死去。这部电影是根据芝加哥德美医院的首席外科医生哈里·J.海塞尔登（Harry J.Haiselden）的生活和工作改编的，他通常出于"优生"

原因杀害婴儿:海塞尔登松开了新生儿的脐带——这样他们可能会因失血过多致死,并给一些婴儿注射了麻醉药物。进行优生巡回演讲时,这位医生在没有见到病人的情况下,通过全国各地的电报向他的工作人员下达了如何杀死婴儿的指令。他在《黑鹳》中扮演自己。当时这部电影从早上9点到晚上10点在芝加哥天天放映,从首次公演到在全国各地的影院放映,已有十多年的历史。它的口号是:"杀死有缺陷者,拯救国家,看《黑鹳》。"

优生运动为有差异的人受到的非人性化对待提供了话语、形式、逻辑和体面的方式。然而,令优生学家非常沮丧的是,直截了当地杀害有缺陷的人的做法从未在美国真正流行起来,却在其他一些地方流行。谁是"铁杆粉丝"?是的,就是那个希特勒。他称一本优生学书籍为他的"圣经"。

正如历史学家伊迪丝·谢弗(Edith Shaffer)所写的那样,德意志第三帝国有一个热衷于诊断的政权:"国家开始痴迷于人口分类,将人们按种族、政治、宗教、性取向、犯罪行为、遗传和生物缺陷进行分类。于是,这些标签就成了个体遭到迫害和灭绝的基础。"

1933年7月14日,德意志第三帝国颁布了一项大规模的强制绝育法令,名为《第86号第一部分:防止有缺陷的后代》(Part 1, No. 86, the Law for the Prevention of Defective Progeny)。40万德国人将立即被强制手术，之后这被称为"希特勒切割"。1934年，德意志第三帝国给至少5.6万人实施了绝育手术，即每1200名德国人中就有一人做了绝育手术。到战争结束时，37.5万名德国人被绝育。这是一部"美国式绝育法"。

1939年8月18日，德国内政部颁布了一项法令，要求所有德国医生、护士、卫生官员和助产士上报所有所谓的"智障儿童"。这些儿童出生时就有某些所谓的遗传性问题，如"智力低下""身体残疾""愚蠢"和"各种畸形"。随后，这些儿童被安排进37个"特殊儿童病房"中的一个，由"医学专家"进行观察。在那里，"医学专家"小组决定这些儿童中哪些可以留存下来，哪些应该被杀死。这些专家根据上报的儿童数量获得报酬，如果儿童被杀，他们通常会获得额外的奖励。

从一幅20世纪70年代的幸存者画像和一份以第一人称叙述的关于儿童杀戮事件的历史文件中可以看到，一群孩子挤在一个角落里，一个孩子手里拿着一只泰迪熊，另一个孩子正在吮吸着拇指。他们旁边是一张桌子，医生们正在阅读文件，决定哪个孩子应该死。桌子旁边是一堆孩子们的衣服和物品，还有一只毛绒玩具。这些衣服是之前进去过的孩子们的，紧挨着那堆衣服的是一个尖叫着即将被带出房间的孩子。

然后，被判定应该死亡的孩子将被转移到儿科杀人病房，在那里被注射致死；或者被安置在所谓的"饥饿之家"，在那里因营养不良和饥饿而死亡；也有被折磨和被实验虐待而死的。正如苏珊娜·埃文斯[1]（Suzanne Evans）所写的："有时，孩子们的血液和脊髓液在他们还活着的时候就被提取出来，用空气代替，这样就可以给他们的大脑拍出清晰的X光片。"这一法会导致总共有近2.5万名儿童被谋杀。

1939年10月，希特勒签署了所谓的"T4"计划。这个计划的目的是根除那些被认为是异常和残疾的成年人，包括那些被诊断为癫痫、身体畸形、精神错乱、弱智、抑郁的人，以及酗酒的人。纳粹德国有六个主要的屠杀中心：勃兰登堡、格拉根内克、哈达马尔、伯恩堡、索南斯廷和哈特海姆城堡。正如沙伦·L.斯奈德和戴维·T.米切尔在一份原始档案研究中写的那样："有一种精心设计的谋杀技术，包括伪造死亡记录的处理程序，用于同时有效处决许多人的毒气室，用于提高医学知识水平和拔除金牙的尸检室，一个尸体堆放室，最后是火葬炉。"同样的技术和流程后来被希特勒用于死亡集中营。

1941年8月24日，针对不正常人士的杀戮计划被正式"叫停"，但纳粹政权依旧继续以其他方式屠杀来自其他地区的"不

---

1 苏珊娜·埃文斯，英国记者、政治家。

正常"的人。

总共有超过75万名"不正常"或"有缺陷"的人被谋杀，这从未被谴责为反人类罪。战后，正如苏珊娜·埃文斯所记载的那样，政府或法律当局不承认残疾受害者受到了纳粹政权迫害，且拒绝赔偿。没有专门记录这些罪行的纪念碑。集中营解放后，没有一名参与杀戮的医生被起诉。

～

我把这条过去的阴暗线拉到现在，并将关于常态的暴力与我们是谁的话题深深地交织在一起，是不是做错了？

请你告诉我。

历史学家伊迪丝·谢弗的说法是："在纳粹时代工作的医生提出了至少30种以自己名字为名的神经学和精神病学诊断方法，这些诊断方法至今仍在使用。"

20世纪90年代中期，著名的道德哲学家彼得·辛格（Peter Singer）和杰弗里·墨菲（Jeffrie Murphy）对残疾人的人性提出了疑问。辛格将残疾儿童称为"它"，认为杀害残疾儿童是"相当合理的"。墨菲写了一篇题为《智障孩子有权利不被吃掉吗？》(*Do the Retarded Have a Right to be Eaten*?)的文章。

监狱中超过30%的囚犯和看守所中超过40%的嫌犯有认知或生理差异或患有精神疾病。

美国大学的376个优生学部门和专业协会中的大部分组织都变成了遗传学部门和组织。

俄勒冈州最后一次实施强制绝育措施是在1981年，在1983年之前一直有优生优育委员会。加州在2006年至2010年继续对州内的囚犯进行绝育。

巴克诉贝尔案的判决从未被推翻过。联邦法院仍引用此案作为先例，表示政府有权强制绝育。

现代遗传学之父、诺贝尔奖获得者詹姆斯·沃森（James Watson）曾就读于优生学记录办公室，并于1968年成为主任。2003年，他告诉一个电影摄制组："如果你很愚蠢，我就会把这称为一种疾病。因此，我想消灭这些疾病，来帮助低于10%的人们。"他还说："有人认为，如果我们把所有的女孩都变得漂亮，那就太可怕了，可我认为这很棒。"

在1973年之前，同性恋一直被《精神疾病诊断与统计手册》（DSM）列为精神疾病。

基因研究人员和媒体人员认为通过近期或将来的遗传干预可以"治愈"大脑差异，包括诵读困难、唐氏综合征、注意缺陷多动障碍、学习障碍、智力障碍、威廉斯氏综合征和其他疾病。

1994年,《美国人类遗传学杂志》(American Journal of Human Genetics)警告说:"美国实行优生措施的人数将增加,这是一个重大风险。"

Crisper,听起来像是一种新型沙拉旋转器的名字,但实际上是一种基因编辑技术,是消除一系列与大脑和身体差异有关的基因的工具。

高达85%的被诊断患有唐氏综合征的胎儿都被流产了。

～

近20年来,几乎每周都会有人向我讲述关于自残的故事。他们给我发电子邮件和信息,或者亲自递信给我:用黄油刀割了一个多小时的手腕;用蜘蛛侠床单做的套索自杀;把霰弹枪插在眼窝里射击,这样出血就会少一些。我要求他们喂金鱼、遛狗、和看门人道别(因为这是早上唯一和他们打招呼的人)、和他们的毛绒动物睡觉,这样似乎他们就不会感到孤独。当然,我很抱歉,这么做是因为我爱他们,但这真的令人很难受。这些故事还在继续,有增无减,因为优生运动给我们带来的恐怖价值观和信仰,至今仍与我们同在。

第五章
伪装

一个人在别人面前表现得连他自己都不敢相信,就会体验到一种特殊的自我疏远和他人警惕。

——欧文·戈夫曼[1]（Erving Goffman），《日常生活中的自我呈现》（*The Presentation of Self in Everyday Life*）

正常状态好比一条铺好的路：走起来舒服，但长不出花。

——文森特·威廉·梵高（Vincent Willem van Gogh）

1　欧文·戈夫曼，美国社会学家、社会心理学家和作家，出生于加拿大，被认为是"20世纪最有影响力的美国社会学家"。

第五章 伪装

不久前,你问起我父亲是谁,我那时还不能回答你,但现在已经准备好了。我父亲是那种背着很旧的学校公文包的人。这个公文包给人很漂亮的感觉,我甚至觉得它闻起来令人心旷神怡,就像常春藤盟校图书馆椅子上古老的皮革味道一样。它是方形的,就像一个上了锁的盒子,上面有一个黄铜夹子和一个带罗马数字的密码锁。

但在这个公文包里隐藏了他对世界的疯狂。在他的公文包里,你会发现他一直随身携带的食物残留物和与食物有关的物品:煮熟的鸡蛋、蛋壳、用来生吃的烂西兰花、扁豆汤的空罐子、开罐器、发黑的香蕉皮,因为他声称自己患有糖尿病,必须调节血糖。那里边还有杂草和各种玩意儿——灰烬、花蕾、烧焦的管子、锈迹斑斑的丝网(上面还覆盖着残留物)。还有一些他对我母亲隐瞒的东西:国税局的通知单、逾期的电话缴费单、水电部的停水通知单、陌生人的来信。在这一堆东西中,法律摘要、提议、合同和法律书籍中的几页,都沾上了扁豆汤,闻起来有股杂草的气味。这就是我的父亲。

我父亲是那种会带我去毒贩家的人。在那里他拿着一大桶爆米花和一把盖帽枪,毒贩开枪的样子就像疤面煞星[1]一样。

---

[1] 疤面煞星是电影《疤面煞星》中的一个心狠手辣的街头小混混,后来成为毒枭的第一得力助手。

这些都不是不愉快的回忆，因为当我父亲嗑药的时候，能短暂地表现出自己最好的一面。他那黝黑的、爱尔兰人的、方形的肯尼迪下巴短暂地定格在我记忆中。他风趣幽默，迷人而友善。他是我想要在一起的人，也是我想成为的人。但说到毒品和酒精，这些东西对我父亲来说是不够的。他吸毒是因为毒品可以止痛，可惜到最后，连毒品都没用了。

我父亲是很感性的人，经常在观看体育比赛或看书时落泪，但更多的是在看电影的时候。看任何一部情节里有狗出现的电影他都会落泪，比如《颠倒乾坤》《火爆教头草地兵》(*Hoosiers*)《致命武器》(*Lethal Weapon*)等。在飞机上看到任何有关狗的电影，只要狗死了，他都会哭。任何展示男人情感的东西，都会让他落泪。

我们一起看了很多部电影。周五，他坐在摇椅上喝了喜力牌啤酒，我吃了微波爆米花。我们喜欢的电影之一是《胜利大逃亡》(*Victory*)，主演是巴西足球明星贝利。这部电影讲述的是一群多国"二战"战俘挑战他们的党卫军踢一场足球比赛，以此分散注意力，趁机逃跑的故事。他们不仅成功越狱了，而且在比赛还剩几秒钟时，贝利以一脚绝妙的倒钩赢得了比赛。它是根据一个真实的故事改编的，我和父亲都很喜欢这部电影。它以一声"胜利"而结束。我看到父亲用手比画着"V"

字,默默地说着"胜利",泪水顺着他的脸颊流了下来。

一天晚上,电影快结束时,我数了数,他那张懒人椅旁边有20个空的绿色喜力酒瓶。在厨房里,还有一个空的容量为一升的杰克·丹尼尔牌啤酒的酒瓶。半夜,我起床去洗手间,发现他躺在地上,吐得满身都是,仿佛停止了呼吸。我不记得在那之后发生了什么,我父亲是那种想要让自己消失的人。他的故事太常见了,因为当感到不适应的时候,我们许多人会认为自己不应该存在,试图让自己消失,就像我父亲和我一样。

～

有人认为,没有办法解开正常的结,抵制正常,因为正常是一种未曾谋面就掌控了生命、在游戏开始前就塑造了游戏规则、在我们自主选择前就替我们做出选择的力量。我心目中的一些英雄,如米歇尔·福柯这种人,他们给了我一种语言,让我从正常的束缚中解脱出来。他们接近了这种虚无主义,认为抵抗任何形式的力量都只是一种投降形式。在我的生活中,我有时会接近这种悲观主义,但却发现这是一条死胡同。我没有花哨的理由来解释为什么他们是错的,我也没有用高大上的话、博士学位、炫酷的名字或法国口音"武装"自己。

我所知道的是，我有一条出路。我知道自己不再愚蠢了。我相信自己不再有缺陷了。我再也不会像那天那样在房间里拿着那瓶药伤害自己了。正如朱迪思·巴特勒[1]（Judith Butler）所写的那样，我有一种方法，你也有一种方法，我们可以努力走出"不可避免的陷阱"。

如果你想要在复杂的生活中完整地活出你自己，就必须拒绝正常的生活。

～

别误会我的意思，正常虽然是一种压抑的力量，但也是创造的源泉。对于孩子们来说，特别是像我这样的孩子，最常见的一件事，就是要求我们"表现正常"。这通常会伴随一长串需要做的事，只有这样，我们才能扮演一个正常人的角色：坐着别动，说话轻声细语，提问时举手，穿得体的衣服，玩合适的玩具，喜欢正确的颜色，等等。这是一套永无止境的命令，你可以遵循这些命令，进入正常的乐土。我在想，我们是否意识到告诉他人要表现正常的讽刺意味，因为表现正常就意味着扮演一

---

[1] 朱迪思·巴特勒，当代著名的后现代主义思想家之一，在女性主义批评、性别研究、当代政治哲学和伦理学等学术领域成就卓著。

个不真实的角色。我在想,我们是否真的理解告诉人们假装成为某人或做某事对他们有什么影响,以及这种命令如何要求人们压抑、抹杀自己的个性和掩盖自己的真实身份。

抵制"正常"始于拒绝隐藏、掩饰、否认你身上不符合"正常"的那部分。人类是由参差不齐的碎片组成的,这些碎片不可能完美地拼接在一起。生活中的挑战就是利用所有这些碎片去创造最大的自我。但想要用尽可能少的碎片迅速解开这个谜团,就会产生无尽的压力。因此,大多数参差不齐的、不完美的碎片都会被塞进地毯下面。然而,这种隐藏并不管用。每一条参差不齐的边缘被否定、每一个部分被视为一个整体、每一个大我被缩小、每一个乘数被简化、每一个圆圈的平方都是一次小死亡,是在正常祭坛上的一次牺牲。这种牺牲会持续一段时间——直到不起作用为止。因为正常从不会这样。

强迫人类表现正常,然后要求他们监督自己的正常状态,这是"正常人"计划的一部分。这是一种通过自我监控体重、身高、阅读率、注意力持续时间、性取向来实现的社会控制形式。随着我们改变自己以保持正常,这些方面的平均水平也在不断变化。再说一次,正常是一个不断变化的目标,我们一直在为自己和其他人重新划定界限。通过做正常的事,我们被认为是正常的,并心甘情愿成为被征服的臣民。

〜

我知道这种自我监管和逃避的代价,因此躲了起来,但这不是一种抵抗,而是一种生存的手段。我离开彭尼坎普小学后就再也没有回去。我在另一所学校待了一段时间,然后又不去了。我不是在家上学,而是没再上过学。我和母亲一起在她的非营利性组织——南湾咨询中心度过了一段时光。我母亲凭直觉明白了哈佛大学前教育学教授约翰·霍尔特(John Holt)的真知灼见:在学校的每一天都是有毒的,需要一天的时间才能被治愈。母亲知道一些关于治愈的知识,因为她也受伤了。

我母亲在我出生前就有过精神崩溃的经历。她刚刚认识我父亲时,和他一起搬到了马里兰州的贝塞斯达,这样我父亲就可以在乔治城上法学院了。我母亲和她的前夫之间发生了一场丑陋的监护权之争,而我母亲一开始就因为离婚而被罪恶感(违背天主教义)压得喘不过气来。

我哥哥比利带着一群孩子在街上游荡,像个疯子一样。我姐姐基莉每天大部分时间都和她那只叫"午夜"的兔子待在地下室里。我不知道我姐姐米歇尔在做什么。有一天,母亲走进浴缸,没有出来。基莉姐姐给母亲送去食物和水。那天晚上,她牵着母亲的手睡在浴缸旁边的地板上。母亲的皮肤像湿了的纸一样布满褶皱。

我不知道是什么让她从浴缸里出来的。我母亲是个刚强且沉默寡言的女人（除非你像狗一样烦人，她才会用婴儿般的尖叫声和你说上几个小时）。如果我母亲没有发现她可以以人的身份去帮助别人，可能就会一直待在那个浴缸里，然后死去。当我父亲从法学院毕业后，全家搬回旧金山，我母亲投身于激进的社会正义政治。当我们搬到洛杉矶时，母亲在一家灵媒商店楼上的嬉皮士社区心理健康中心做志愿者，人们在那里一起解决各自的问题。母亲很喜欢那个地方，从一名志愿者一直晋升到执行董事，在那儿一干就是40年。

那里就是我离开学校时去的地方。很长一段时间，我的日子都不好过，但我和母亲待在一起的日子很有趣。我在空荡荡的治疗室里看电影。我和一位名叫吉姆的治疗师成了朋友。他的右手只有三根手指，还对我发誓说，他的其余两根手指是在学校放一个M-80爆竹的时候炸掉的。我曾踢过一段时间足球，成为该治疗中心学前班的一名"老师"，为经历过极端创伤的儿童提供服务，我很擅长这事。一瞬间，我找到了一个疗伤的地方。

不过，我知道这不会持续太久，因为很快我就得回学校了。那种感觉又回来了——现在我知道了这叫作临床焦虑症。我使劲转了转眼球，揉了揉眉毛，说服自己沙漠风暴行动将导致一场核危机。我每天会在下午3点58分到5点15分用双脚踢足球整整1000次，因为如果不这样做，我爱的人可能会死。我不能在心理健康中心度过余生，所以制订了一个生存计划，即我要去一所新学校。我不会告诉任何人我的不同之处。我会变得正常起来。

那年秋天，我去了国中和K-8学校。我没有告诉任何人为什么我和他们不一样，我的父母也对此缄口不言。我没有参加任何特殊教育服务，当然，我的转变是迫于社会环境的敌意，很长一段时间以来，和别人不同的人被迫掩盖这些差异。隐藏我们的差异是我们家族的传统：我的父亲试图（可怕地）保持正常；我的母亲拒绝承认她有阅读和写作障碍；我的兄弟姐妹们在无名的差异中挣扎，漂泊在追逐美国梦的"地平线"上。

然而，隐藏总是要付出代价的。我生活在恐惧中，我随时都会因为那些看似善意的小事而焦虑。例如，在我进入新中学不到一个月的时间里，就有一个叫约翰娜的女孩喜欢我。我知道这听起来很疯狂，但在当时如果有人喜欢你，就会给你递一张她手写的字条，这对于我来说简直太可怕了。所以我想出了一个计划，用单音节词回信，笔迹保持清晰明了。我想问她过得怎么样——就像我前面说的，我以前以及现在仍然对"怎么做"和

"是谁"分不清楚,所以在纸条上写了四遍。我读了好几遍,顺着书桌把它传给了约翰娜。她打开字条,读了一遍又一遍,然后把它揉成一团。她笑了,她的一个朋友转向她说:"他一定很特别。"我告诉自己:下次直接打电话。

当你躲藏的时候,你不仅生活在恐惧中,而且还生活在羞愧中。你如果因为羞耻而躲藏,就会因此感到更羞愧,从而再躲藏得多一点。羞耻是一种复杂的情绪,长期以来一直为评判正常者和自卫者服务。对我来说,羞耻是压抑的情绪,使我隐藏了一部分自己,告诉自己静静地坐着,或者小点声说话,或者永远不要给任何人写任何东西。我的羞耻也是富有成效的,使我既隐藏了真实的自我,也创造了一个虚假的自我。我钦佩的一位名叫伊芙·塞奇威克(Eve Sedgwick)的作家写道:"一个人经历受羞耻的过程是有意义的。"但是,正如托宾·西贝斯[1](Tobin Siebers)所写的那样,"做一件事和做一个人是完全不同的两码事"。

从中学开始,我就在寻找自己人生的意义。幸运的是,我

---

[1] 托宾·西贝斯是密歇根大学英语语言和文学教授、艺术和设计教授、残疾研究倡议的联合主席。

有足球帮助我排解消极情绪。我一直擅长各种运动，尤其是足球。起初，我只把它当成一种娱乐方式。在赛场上，我是一个不同的人，我的弱点无关紧要，我在学校里被忽视的优势，在这里成了闪光点。如果不是因为足球，我是不会活下来的；但也因为足球，我差点没活下来。

对我来说，被认可、被看到、获得成功的感觉像是在吸毒。我母亲也感觉到了这种快感，并寻找我一次又一次的进球带给她的快感。我不对她做任何评价，足球是她向他们展示所有她知道而他们不知道的事情的方式：我很棒，很有价值，我们不是贫穷的白人垃圾。我沉迷于这件事不可自拔，为了追求更多肯定，其他事情通通靠边站。但最终，当我踢得不好的时候，母亲会好几天都不和我说话。

到了高中，当时的样子我现在都记不清了。我14岁的时候，我们在新学年搬到了科罗拉多州。在一个新的地方，我重新树立了一个形象。我开始穿拉尔夫·劳伦马球衫，戴各种"兄弟"风格的白色帽子，系编织皮带（这打扮在1993年很酷），穿白色牛仔裤（也很酷）和桑巴舞服（酷极了）。我和一位金发碧眼的啦啦队队长约会。她来自一个受人尊敬的中产阶级家庭，我对她又爱又恨。我没有告诉任何人我的不同之处。为了完成学业，我做了一切我必须做的事情，花了10个小时做大多数学生只需要花1个小时就能完成的事情。我表现得好像不在乎学习,而且还作弊了。我贬低其他不正常的人,称接受特殊教育的孩子为弱智,恐吓做苦工的孩子,使用所有歧视女性的词。我敢肯定,如果学校有有色人种学生,我肯定会说出种族歧视的话。此外,我还不惜一切,几近疯狂地迷恋踢足球。我到底是怎么了?

15岁时,我得了溃疡,睡不着觉。我的生活要么与我的身体脱节,要么被它控制。我脑海中有一个声音没完没了地告诉我,我是一个愚蠢的、疯狂的、懒惰的冒牌货和骗子。到了16岁,我发现喝酒会让这些声音变小,周围安静下来,但是后来声音还是会变大。我把饮酒作为我生活中必不可少的一部分,只是因为踢足球对身体的要求,我才控制喝酒,这点我很幸运。但到上高三的时候,就连足球我也越踢越烂。我球技一般,那些大的一等学院不会录取我,因此,我的父母把我送到一个运动心理学家那里去提高我的球技。

我变成的这个人,这个我现在已经认不出来的人,完全不是真正的我。当然,即使是在那时,我也喜欢马。我们养了三四匹马,由我照顾它们。我的一名同龄辅导员——T先生鼓励我申请辅导员这个职位。他告诉我,他因为无法忍受与酗酒的父亲共进晚餐,吃饭很快。我知道他的意思,因为我吃饭也很快。我和一个接受中学特殊教育的孩子一起工作,他曾割伤过自己。我最好的朋友杰克(Jake)和我会坐在他的地下室里,听"U2"和"数乌鸦"乐队的音乐(那是20世纪90年代的音乐),然后一起唱歌。不知何故,在某个地方,我得到了"会说话的头"乐队的歌《害怕音乐》(*Fear of Music*),它就像住在我的黄色随身听里一样,甚至当我告诉人们我在听"猫头鹰"和"河豚鱼"乐队的时候,它还在那里。尽管如此,在我内心某处,还隐藏着一个喜欢写作和思考的自己。我逃课去洗手间慢慢地读《伊甸园之东》(*East of Eden*)。我晚上睡不着的时候写了很糟糕的诗和剧本。但是这些东西并不适合现在的我:到我高四的时候,我的计划是在大学踢足球,成为一名高中足球教练。

不过,我很幸运,在我的生活中有一个人比我更了解我自己。他是P先生,后来我叫他蒂姆(Tim)。他是绿山高中的预修英语老师。他是那种"濒临绝种"的老教师。他留着大胡子,穿着勃肯鞋和短袜,给他所有孩子起名时都是用杰罗姆·大卫·塞林格[1](Jerome David Salinger)创造的鲜为人知的角色名。P先生是我高四时的英语老师,和我高三时的荣誉英语班老师P夫人结婚了,那个女人非常讨厌我。我高二的时候申请去她

---

[1] 杰罗姆·大卫·塞林格是美国作家,于1951年发表的著名小说《麦田里的守望者》被认为是20世纪美国文学的经典作品之一,引起世界性轰动,尤其受到美国学生的疯狂追捧。

的班级,上交了三篇手写计时论文,但被拒绝了。母亲知道我没被录取后,大步走进了学校。我坐在P夫人的办公室外面,听到玻璃破碎的声音。随后母亲走出办公室,就这样,我开始在荣誉英语班上课。第二年,P夫人把我的生活变成了地狱。在她的班上,拼写确实很重要。

和P夫人在一起的那一年快要结束的时候,蒂姆老师见了我一面。我确信这是要告诉我,荣誉英语课之后的预修英语课也不适合我。我走了进去,坐了下来。"感恩而死"乐队的背景乐响起。蒂姆说:"你应该申请预修英语。"我大笑道:"你在开玩笑,对吧?你已经和你妻子谈过了,对吗?"蒂姆先生目不转睛地盯着我看了很长时间,一句话也没有说。"我知道这对你来说有多难,"他最后说,"我知道你有多辛苦。"我满腔怒火。"见鬼,你到底知道些什么?"我说。他看着我的眼睛说:"这对我来说也很难,就像你一样。"他早就知道了,我被发现了。他说:"我看过你写的东西。你不会拼写。但谁在乎呢?正如马克·吐温(Mark Twain)所说,永远不要相信只会用一种方式拼写单词的人。"

我在高四的时候选上了预修英语课。蒂姆是我在那所学校第一个告诉我我有学习差异的人,也是第一个教会我接受和适应这些差异的人。蒂姆的课教育我成为更好的自己。他让我读的东西比我知道的要多,让我口述的东西比我以前做的还多,让我接触到更多的做人方式,这些我以前都不知道。这就好像我从剪辑室的地板上找回了一根曾被我丢弃的线。在他的帮助下,我开始进入将自己重新缝合成一个新的人的漫长过程。

蒂姆可能已经看到并意识到我的多样性和价值,但我还没有完全意识到这点。高中毕业后,我面临的挑战是用那些相信我的人在我耳边低声说出的反抗的话,向我自己讲述一个关于我的新故事。我们的身体和精神被认为是不正常的时候,我们便很难知道自己是谁,而且很难通过"正常秀"里的导演强迫我们扮演的社会角色进行转换。

高中毕业后,我知道自己一无是处,但还不知道我会成为什么,对此很困惑。我1995年从绿山高中毕业后就读于洛杉矶的洛约拉马利蒙特大学。我去那里是为了踢足球,这也是我被录取的原因之一。这是真实的我吗?是的,在某种程度上,我仍然喜欢玩,但我也知道,这并不是我的全部。我感到羞愧、困惑,想自生自灭。大学前的那个夏天,当我还住在科罗拉多州时,我因当众醉酒而被捕,并在县监狱里度过了一晚。不记得有多少个夜晚,我醉酒后在美国最危险的联邦高速公路(85号公路）上开45分钟的车回家，第二天早上醒来时都不知道自己是怎么回家的，而且竟然还活着。

在足球训练营的第一天，我的脚踝狠狠地扭伤了。这一年剩下的时间我都在伤痛中度过，整天喝酒。我知道足球并不是我的全部，但让我很害怕的是失去它之后还会剩下什么，也许剩下的是一种会吞噬我的愤怒。

起初，大学生活也好不到哪里去。我的计划就像在高中时一样，是通过纯粹的意志力来克服我的差异。即使在今天，也有人问我是如何克服我的诵读困难的。当我指出他们说我"克服"诵读困难意味着它是一件坏事时，人们只是点头，根本没有理解我的意思。他们一致认为诵读困难是一件需要克服的坏事。

克服差异，是一个根深蒂固的文化故事。文学和电影中充斥着具有非典型性思想和身体的人物，他们通过英勇的努力克服了个人的局限性。残疾运动员的流行形象延续了"超级残疾人"的神话，慈善组织通过筹集资金"帮助个人克服残疾"。

关于克服的故事情节产生了如此多的负面影响。它把改变的责任放在人身上，而不是人周围的环境上。那些呼吁"克服"差异的人，通常会付出巨大的个人代价。这肯定和助长了需要克服残疾这一思想，使绝大多数不能克服的人感到羞愧。

我试着在大学的第一个学期克服我的问题。好多个晚上,我熬夜到凌晨一点,在前排安静地坐着,记下后来看不懂的笔记,一遍又一遍地读那些仍然充斥着错误单词的论文。另外,我的毕业论文没有通过。

～

我们从洛杉矶搬到科罗拉多州后,母亲依旧没有放弃她以前的工作,每月去一次。我不知道没有工作她会变成什么样。不管怎样,母亲的伤口一直没有完全愈合。当她的内心防线被击溃时,我能从她说话的声音和眼神中感受出来,她总是撑不了多久就崩溃了。我只看见母亲哭过一次。那是在科罗拉多州的时候,我高中放学回到家,外面正在下雪,家里播放着"快转眼球"(R.E.M.)乐队的《夜泳》(*Nightswimming*),她面带哭容。这让她很尴尬,就像是我看到她裸体一样。

把我母亲对工作的热情只当作一种应对机制是错误的。在她的工作中,爱和工作一样重要,两者兼而有之。也许正因为如此,大一的时候,她邀请我参加她的组织在洛杉矶举办的一个课外项目。也许她知道我没有克服任何事情,而是屈服于我自己的恶行,和她差不多。我接受了这份工作,因为我需要钱买啤酒。

这份工作是在胡德区的一个课后项目中帮助高危儿童,这些儿童正在接受特殊教育。我把我所有的行李都拿来了。一群孩子坐在学校的自助餐厅里,学校周围被带刺的铁丝网包围着,没有书,也没有贴标签的卫生间。这里有由储藏室改造而成的教室,还贴着20世纪80年代的励志海报,上面写着"生活是由1%的灵感和99%的汗水组成的""勇敢地站出来""挑战!""阅读是基础"。

第一天,我准备了几乎所有的教学方法。我想,如果我有正确的教学方法,如果每个人都沉迷于拼音,那就再好不过了。我走进去,面对的是几个10~12岁的孩子。我站在全班学生面前摆出了"开始讲课"的姿势,上了一节"半生不熟"的语音课。我非常投入,连读句子,像斯特伦克(Strunk)和怀特(White)一样列举动词的词型变化,像个持证的阅读专家一样发着"chaa"和"ahh"的音。30分钟后,我讲完了,还以为会有人起立鼓掌,得到的却是一片死寂。然后前排的一个孩子举起了手,他叫安东尼(Anthony)。"穆尼先生,"他说,"你为什么要费心呢?你知道我们是弱智,对吧?"

我感觉整个人被掏空。我站在安东尼和所有其他的孩子面前,他们就像我以前在上"智障"班时周围的那些孩子一样。我想我要吐了。我希望我能鼓足勇气,改变自己,对他们说:

"不！你们都不傻。他们看错你了！"我真希望我走到"阅读是基础"的海报前，把它从墙上撕下来。但事实并非如此。铃声一响，我就离开了教室，走到外面，坐在车里哭了起来。

~

我在洛约拉马利蒙特大学剩下的时间里都和那些孩子一起工作。他们都是我小时候避开的孩子，是我和我的过去的折射，我不想看到他们。我听了他们的故事。安东尼的父亲告诉他，他以后可能只能当毒贩。一个叫希瑟（Heather）的女孩坐着轮椅，被一些学生锁在衣柜里，他们把她忘得一干二净，直到看门人在一天结束时发现了她。她喊救命喊得嗓子都失声了。一个叫富兰克林（Franklin）的孩子，一秒钟也坐不稳。他被人用胶带绑在桌子上，胳膊被胶带粘得汗毛都没有了。虽然我无法用言语形容，但对他们所描述的过程，他们的想法有很强的共鸣，因为这情形曾经也伤害过我。我也意识到，因为我和这些孩子的关系，我更加了解到自己是一个有缺陷的人。我开始意识并感受到，正是这种感觉把我一分为二，把我切成碎片，让我明白我克服的那些差异永远不会治愈我，我也是那个需要帮助的人。

我求助于我的姐姐基莉，因为除母亲之外，基莉总是比我更早地看到了我最好的一面。基莉是我兄弟姐妹中最亲近的一个，也是我最好的朋友。她在高中时是一名戏剧迷。根据她自己的统计，她只上了大约一半的高中课程。她会和我一起逃学，在魔术山游乐园坐过山车。

基莉给我介绍了一位名叫苏珊（Susan）的治疗师。苏珊是个老派嬉皮士心理医生，穿得像一袋五颜六色的棉花糖。我第一次见到苏珊时，她穿着一件长春花长袍，戴的所有手镯、项链、护身符、胸针和戒指都是新墨西哥州的风格，而且还戴了围巾，是四条哦，有赭色、鼠尾草色、黄绿色和圣莫尼卡蓝色。我以前从来没有去看过心理医生，只去学校看过体育和心理学家，所以不知道该说些什么。她也没说话，只是坐在那里，像一只小金毛猎犬一样对我微笑。

我不确定整个治疗过程是不是管用，我也不确定苏珊是否知道这件事。我以前被迫去看的心理学家一般都是直奔主题。我在小学时因情绪问题去看的心理学家问了我很多关于我母亲的问题，运动心理学家告诉我要想象足球主宰一切的各种场景。但恰恰相反，苏珊只是坐在那里。

"那么，"我说，"现在需要做什么？"我们四目相对不说话，只有微笑。最后她说："你感觉怎么样？""很好。"我撒了谎。我不知道，直到现在也不知道我是否清楚自己的真实感受。但我知道我感到胸口紧绷,每天都会被不知从哪里冒出来的悲伤和绝望所吞没。"不,你不好。"她说。然后苏珊做了一件我确信不在美国的《精神疾病诊断与统计手册》概述的推荐疗程内的事情。她站起身,绕着她那精美的非洲咖啡桌走过来,给了我一个拥抱。

在洛约拉马利蒙特大学的第一年,我每周都会见到苏珊。这是我一周中最美好的时光。就这样,我和她分享了我在学校的经历。她告诉我,她了解类似的事,还告诉我她儿子经历的差异和挣扎,这点其实违反了心理医生的职业原则。苏珊建议我再做一次测试,对此我由于害怕而退缩了。她笑着告诉我,这将与上次大不相同,新的测试对她儿子略有成效。苏珊称这些测试是一种评估,它会给我提供关于我大脑的信息,而不是诊断。她告诉我,我可以利用这种评估来得到通融。

我听到"通融"这个词时再一次退缩了。我以前坐旋转木马时感到头晕目眩和恶心,现在就是这种感觉。对我来说,通融有一种内在的负面含义:一个人会接受一些他或她并不太喜欢的东西,比如姻亲的长时间探望。这在学校是一种耻辱。通常,老师在考试当天走进教室,问有没有"特殊需要"的学生,让需要延长时间的同学起立。猜猜:有多少人站起来了?没人。以前,即使有像蒂姆这样的老师为我提供各种通融,我也会感到羞愧和内疚,仿佛在作弊一样。我对苏珊摇摇头说:"不用了,我的诵读困难不需要得到通融。我自己能处理好。"她笑了。"你说得对,"她说,"你不需要,你需要多通融一下他们这些人的教学困难症。"

～

杰克是我高中时最好的朋友。他比我大一岁,开着一辆雪佛兰迈锐宝。这辆车的引擎盖颜色与其他车的不同,人们常常因此取笑他和他的车。杰克住在一栋建于20世纪60年代的牧场小屋里,里面有一个露出地面的游泳池,我的女朋友和她在的啦啦队里的朋友们把那里称作是"城镇贫困地区"。我认为那里很棒,但其他在地面上有真正的游泳池的人不会这么觉得。他的父亲是个老酒鬼:早上还好好的,下午就疯了,晚上昏迷不醒。我们过去常常把他父亲以为空了的酒瓶挑出来。杰克的左脚生来就是扭曲着的,但他还是设法踢足球,我敢肯定当时他隐藏了相当大的痛苦。杰克的牙齿和我的一样参差不齐,因为他的父母付不起牙套和牙医的费用。

当还是个孩子的时候,他就被告知他很愚蠢。杰克比我知道的,包括我在内的任何人工作都要努力。我们开玩笑说我们俩都活不过30岁。我们都错了。2013年6月14日,杰克死于肝硬化，享年38岁。

在我的生活中，我所认识的许多所谓不正常的人往往内心充满愤怒，并被愤怒所控制。愤怒什么？当然是他们自己。他们把缺陷和疾病当作不正常的这个逻辑会将愤慨转化为内在性。他们认为被别人说自己有问题的话所带来的合乎逻辑的后果是：如果有必要，他们会把自己视为要通过自残来解决的问题。我知道我的生命本可能像杰克的一样结束。

但是并没有。原因有很多，其中之一是我很幸运，在我的生活中有很多人并未告诉我别生气，而是告诉我应该生谁的气，应该生什么气，以及我应该怎么做。其中一个人是杨神父（Father Young）。我是在洛约拉马利蒙特大学第二学期开学初认识他的，当时我参加了英语系的一个帮助确定专业的宣讲会。那时我的学习正处在一个十字路口。在前一个学期，我大部分时间都在掩饰自己的学习差异，只想更努力地学习，可没什么效果。但是，有一门英语课，我的成绩在班上名列前茅，却发现期末考试是完成一篇计时的手写作文，占期末总成绩的60%。我本以为可以使用电脑，但没有，所以，没错，我失败了。我对自己很生气，也对自己一整年的努力被一场狗屎考试否定的事实感到愤怒。我不知道如何处理这种愤怒。我终于明白，我还是那个在洛约拉马利蒙特大学主修足球的哑巴孩子。

第五章 | 伪装

那天,我坐在教室的后排。随后,系主任、耶稣会牧师、莎士比亚学者杨神父起身走到中间讲话。我无法把目光从杨神父身上移开。他谈到文学、学习和教育时,整个人就像燃烧起来一样。他让我想起了P先生、R先生和其他在我之前看到了我内心的人。之后,我去找他,告诉他,我想在洛约拉马利蒙特大学主修英语。但由于我在学习上的问题,我不知道我能否成功。杨神父看着我说:"孩子,我的一些好学生都是和你一样的人。"

杨神父给了我很大的鼓励。我和学生支助办公室的导师约了个时间,这个人负我的住宿以及定专业的事。在约见期间,我欣喜若狂,坐在院长对面说:"我要学习英国文学。"我告诉他,我上学期没有参加期末考试,这不公平,我想申请重考。他用看疯子的眼神看着我。把手伸进桌子下面,拿出约13厘米厚的档案,砰的一声放在桌子上。他开始翻阅,读到一半就大笑起来。"英国文学?"他说,"你既不会读,也不会写,更不会拼写。你应该考虑一些跟智力不相关的事情。"他对我说:"像你这样的人甚至都不应该来上大学。"

我就这样受到了打击。突然间,我又变成了那个走廊里的孩子,那个孩子又躲在浴室里了。那个愚蠢、疯狂、懒惰的孩子,应该滚回去踢足球。出于对杨神父的尊重,我又去找了他,这样他就不会浪费时间了。我告诉他不要担心我让他签的那张纸,我不打算在洛约拉马利蒙特大学主修英语了。"为什么？"他问道，"你之前那么想去。"我把发生的一切告诉了他。我说："院长认为我不能这么做，因为我有学习障碍。"杨神父沉默了很长一段时间，然后看着我，以一种只有老派耶稣会传教士才能做到的方式说："好吧，孩子，我想你得证明那个混蛋是错的。"

在那一刻，我决定将我心中的愤怒化为动力（是的，的确，生活中有某些时刻，你有权力决定把握还是放弃机会）。然后，我成了一名英语专业的学生，报了四个文学班。我要尽我所能来证明他们是错的。我仍然觉得自己很蠢，但拒绝再做蠢事。

从那天起，我强迫以前那个总是沉默寡言的自己在课堂上开口说话。之前我对拼写更好的聪明的孩子行为束手无策，而现在我会为自己的想法争辩。我会请求帮助，把我的论文传真给母亲，让她帮我检查拼写。我会把书的内容录到磁带上，那时还没有数字下载技术。但播放器太大了，我平时得把它装在背包里，然后插到发电机上。我在考试中申请延长时间。这听起来可能没什么，但在学校，你对某件事的了解速度往往要比了解程度更重要，尽管这一点道理也没有。我们不应该把一代学生教育成《危险边缘》（*Jeopardy*）[1]节目中的竞争者。

那个学期我的平均绩点是3.9。

---

[1]《危险边缘》是哥伦比亚广播公司出品的益智问答游戏节目。

〜

我们所有人都需要其他人来推我们越过"我们知道的"和"我们想要成为的"之间的界限。大一结束的夏天,我在丹佛以工会组织者的身份实习时,发现了更多这样的人。为了干好这份工作,我游说社区登记选民,监察违反工会合同的雇主,花了好几个小时听看门人讲他们的故事。这些看门人常常被视为有缺陷、价值低于他人的人。我是一个很好的倾听者,也很在乎这类事。

我和来自全国各地的其他年轻人一起工作。米里娅姆(Miriam)和她的哥哥来自亚利桑那州的图森市,他们的父母为过上更好的生活从墨西哥移民过来,随后做了看大门的工作。来自克拉克大学的威廉(William)一直在下棋,滔滔不绝地谈论马克思主义哲学和劳工政治。这些人不同于我在曼哈顿海滩、绿山高中和大学里认识的人,也不同于那些与我一起踢球的孩子。他们不在乎我是不是一个好的运动员。他们是出于别的因素喜欢我,这一点对我来说很重要。

实习结束后,我被安排为一名全职的工会组织者,在暑假剩下的时间里继续工作。同年夏天,我所属的足球队俱乐部也晋级西部地区决赛,这是一件大事。我必须选择是接受这份工作还是去参加球赛,两者不能兼得。我打电话给我的一位老教练迈克(Mike),想听听他的意见。迈克在圣路易斯长大,他的父母是东欧移民,他的头是我见过最大的。我知道迈克在学校度过了一段艰难的时光,他认为自己很傻,而足球不仅成为他通向更好生活的门票,而且也帮助他找到了自我,这一点和我一样。在电话里,我问他有啥想法,他毫不犹豫地说:"接受这份工作吧,你不仅仅是一名足球运动员。"

一个人会成为什么样的人不是由别人决定的,而是由我们自己决定的。我在这里遇到的人们把我从一个"我试图变成什么人"的状态推向"我注定要成为什么人"的状态。因为他们,我相信我有潜力成为与过去不同的另一个我。

我从姐姐基莉那里产生了从洛约拉马利蒙特大学转学的想法。她已转到加州大学洛杉矶分校学习表演。当她向我提出这个想法时,我以为她疯了,但她告诉我,高中成绩对转学来说并不重要。她说:"你的过去并不总是决定你的未来。"洛约拉马利蒙特大学不是个坏地方,只是不是我的地盘;我的足球队员也不是坏人,只是和我不是一路人。我想和"聪明人"一起去一所"最好的大学"。我像以前的其他人一样,努力匍匐着前进，梦想着在权力和特权的象征中实现自我价值。当和人们谈论好的学校时，我一直在提常春藤盟校。我不知道这个神秘的地方是什么，但很明显，如果你去了那里，说明你就是聪明的，而聪明是我最想要的。

常春藤盟校位于东海岸，因为那里是常春藤生长的地方。我的哥哥比利当时住在康涅狄格州，所以我订了一张机票，计划去参观耶鲁大学、哥伦比亚大学和宾夕法尼亚大学。我为什么不选其他的学校呢？不选康奈尔大学是因为有人曾经对我说，它不是一所真正的常春藤盟校，最初是一所州立农业学校（我敢肯定那个人上的是哈佛大学）；撇开聪明人不谈，达特茅斯学院太冷了，那么哈佛大学和普林斯顿大学呢？我还是有自知之明的；布朗大学没有上榜，因为根本没人跟我提过，我哥哥建议我去参观一下。"这个学校蛮怪的。"他说。

我先开车来到布朗，上了95号州际公路，早上9点到达普罗维登斯。我从未见过这样古老的城市——我长大的地方，有一座1960年的老建筑，而普罗维登斯有1760年的建筑。我先去见了足球教练，因为虽然我可能有诵读困难，但并不天真，我打算把所有方法都尝试一下。专门讨论了我的足球生涯后，教练给招生办公室打了电话，为我安排了一场面试。面试官叫本，看起来焦躁又蓬头垢面。他的桌子上堆满了黑胶文件，上面粘着色彩鲜艳的便条。我想：看看这些想来这里的聪明人，我肯定没有机会了。康奈尔大学，我来了！

我坐在本的对面，准备回答我知道他会问的问题：我在高中表现如何？我的高考成绩如何？我做了哪些预修测试？然后本在我屏住呼吸时用严肃的语气作出了提问："你最近读的一本书是什么？你读它是因为好玩吗？"我呼了一口气。这个问题我能回答。我从上绿山高中的第一天起就一直在偷偷看课外书，而且从来没停过。当时我正在读约翰·斯坦贝克[1]（John Steinbeck）的一本书。我和本谈了一个多小时的斯坦贝克，对足球的事只字未提。我了解到布朗大学的学生规划了他们自己的教育路径。没有核心需求，也没有唯一的方法来做到这一点，布朗大学给予的是一种基于激情、目标和个体差异的教育。

这是适合我的地方。

1997年5月21日，我收到了大学寄来的一个小信封。我把它扔进了垃圾桶，因为觉得通知好消息的文件是不会用小包装的。我很感激我和我的室友都是懒人，好几天没倒垃圾。我也不知道为什么我会从垃圾桶里捡起它，但确实这么做了。我知道如果我没有这么做的话，那我的生活将会截然不同。

---

1 约翰·斯坦贝克，20世纪美国作家。

我被录取了。我给招生办公室打了电话,想确认这是不是真的。"你确定吗?"我在电话里问了一遍又一遍。然后我打电话给足球教练,感谢他录取我。他笑着说:"我和你一样惊讶。""为什么是我?"我问。"招生办公室告诉我,我只能要一个球员——你或者另一个人。我选择了另一个人。"

我坐在公寓的地板上哭了起来。我打电话给母亲,她尖叫起来。我打电话给基莉,她哭了。随后我把录取通知书传真给那个人,那个告诉我像我这样的人不应该上大学的人。

～

我希望你们这些孩子生活中能有这样的人陪伴你们,他们不仅能看到你是谁,也能看到你能成为什么样的人。我很抱歉目前我把你们看作一个整体;我用分类来理解你们,即使这些分类对你们来说是支离破碎的,因为我不确定如果没有这些分类,我会是什么样。我担心我还没有完全了解你们的多样性,也不了解我自己,就像我母亲一样,为安全起见,为同样的目的,为了接受自我,这个自我将保护你们。不要屈服于我的恐惧和局限,我试图让你们的生活和自我变得渺小、清晰、明确。通过拒绝躲藏来抵制正常,拒绝让自己沦落为某种东西,永远拒绝假装正常。

我的孩子，事实证明，那天晚上你问我关于我父亲的事，你问的不是我父亲是否还在世，你问的是字面意思。你不知道我父亲是谁，也不知道他的名字。你甚至不知道我有个父亲。

"我父亲叫约翰，跟我的名字有点像，"我说，"但他叫格雷格。"

"他在哪里？"你问。

我没有回答，因为我不知道，也不知道该说什么。你回答了你自己的问题。

"也许他躲起来了。"你说。

你说得有道理。"也许格雷格爷爷在玩捉迷藏，有一天会从储藏室里跳出来说：'嗨！我在这儿呢。我一直都躲在这里！'出来吧，不管你在哪里，格雷格爷爷。我们爱你。捉迷藏结束了。"

第六章
布朗大学

所有这些奇怪的人，包括我在内，每天都在变得更好。我从来不知道，甚至从来没有想过，我们这样的人也会有一席之地。

——丹尼斯·约翰逊[1]（Dennis Johnson），
《耶稣之子》(*Jesus' Son*)

平庸不应被渴求，而应被避讳。

——朱迪·福斯特[2]（Jodie Foster）

---

1 丹尼斯·约翰逊，美国作家，曾获美国国家小说奖。
2 朱迪·福斯特，美国影视演员，曾获金球奖终身成就奖。

第一章

緒論

我的孩子，有一天你问我，我的诵读困难是不是一种残疾。当时我们躺在你的床上，我正在给你读《怀尔伍德》（*Wildwood*）。这是一本600页的书，书中充满了巴洛克式的语言，作者是独立乐队"十二月党"的主唱。我结结巴巴地读错了一些华而不实的词语，每个人名也都念错了。用大脑右侧即"错误"的一侧阅读时，就会发生这种情况。我的人生都到这种地步了，又鉴于我花了整个职业生涯的时间来思考能力、残疾和正常，因此我本能地毫不犹豫地回答了这个问题。但问题是，通常情况下，你想得越多，事情就变得越复杂。

在我生命中的不同阶段，我会用相互矛盾的答案来回答你的问题。今年我的答案是肯定的，明年却不一定。今天我这么说，明天我又会那么说。而且我还会说一大堆有的没的，这要视情况而定。

有一次，你问我这个问题时，我反其道而行，问你是否认为我的不同是残疾的表现。你以提问的形式回答了我，问我是不是知道一个不相信狗有诵读困难的人。

什么是残疾？谁是残疾人，我是其中之一吗？当然，残疾只是一个类别，只是正常与不正常的众多子层中的一个。然而，这个类别，可以成为一个人的身份，并有能力塑造一个人的生活。除此，也有其他类别，它们有着同样的力量，但我属于学习障碍这一类的。这些类别是真的吗？既是，也不是，它们都有可能是真的。不正常的类别，如残疾，不像空气一样缥缈，而像税收或金钱一样真实。

最重要的问题是：有人能利用这些基于疾病和耻辱的虚构现实来让自己变得更好吗？我想是的，我做到了。

我想告诉你我是怎么做到的，这样的话，你就能够理解、颠覆和利用任何你所属的类别，然后像我一样拥抱它们，成为崭新的自己。

我希望你能在你的生活中找到一个充满人、想法和经历的地方，因为这些会让你敞开心扉，遭受打击，然后给你自由，让你重新振作起来，变成一个和一开始不一样的人。我要你脱离我、你妈妈、家乡和正常的人施加在你身上的印象。

～

1997年，对我来说，真正属于我的地方是位于罗德岛普罗维登斯的布朗大学。我来布朗大学不是为了改造自我。对我来说，布朗大学是一颗最亮的金色星星，我想要它，也需要它，因为我所有的星星都是黑色的。我想证明他们都是错的，我不是不正常，而是比正常还要好。我比我的高中女友、她的父母，以及特殊教育班的那些孩子都要好。去布朗大学是一种进行自我发现和自我创造的行为,但当我进入这个环境后,却没能真正做到接受自我。

在我生命的此刻,我不再像往常一样试图忽视自己的问题。我开始理解并且逐渐接受我的学习差异。然而,我决定不把它们当一回事。我在高中,甚至在洛约拉马利蒙特大学经历了太多。我不再相信是我的问题,但知道我有问题。或者更确切地说,我有一些问题。我相信我内心的这些问题不是值得骄傲的差异,而是需要解决、管理和尽可能掩盖的缺陷。

我之前在布朗大学总共待了一天都不到。我和母亲飞往纽约,在那里租了一辆车,沿着95号州际公路前往普罗维登斯。整个旅途让人很难受。我们大部分时间都是在沉默中度过的。一周前,发生了两件事。其一,我得知我父亲被工会总法律顾问辞退了。我相信有很多原因且已经发酵了一段时间,但最后的一根稻草是他在该办公室的传真机旁留下一封求职信。随后,他在当地的超市找到了一份装杂货的工作。他又一次搞砸了。其二,似乎比婚姻破裂更让我母亲焦头烂额的事是:我决定不在布朗大学踢足球。虽然我还没有被录取为"指定"运动员,但教练向我保证,我会入选该队。我整个夏天都在告诉母亲,也在告诉自己:我要去踢球。在我们出发去纽约的前一天晚上,我决定不去了,并在去普罗维登斯的路上告诉了母亲。她用沉默表示了抗议。

当我们到达布朗时,我穿着桑巴服和斯图西连帽衫。母亲穿着杰西潘尼高腰牛仔裤,一头在露天广场烫的卷发好看极了。我们把车停在塞耶街附近一辆挂康涅狄格州牌照的萨博汽车旁边。这辆车看起来像一艘瑞典宇宙飞船,从里面走下一群"北欧神灵"。人行道上出现了很多穿着船鞋和卡基布衣服的人。空气中弥漫着贵族口音。我和其中一个走出萨博汽车的孩子闲聊,他问我上的是什么学校,我说布朗大学,这个回答并不令他满意,他其实想问我上的是什么预科学校。结果这孩子没去布朗大学,但他哥哥去了,他在剑桥上学。这一般都是去哈佛的人说的话,目的是让你问他们是否去过哈佛。

母亲和我一起吃了午饭。她的信用卡透支了,我用现金付的。我们走到我的宿舍,打开行李,我瞥了一眼母亲,她似乎在哭。我大吃一惊,她从来没有为她的孩子哭过,而且也没有"快转眼球"乐队演奏的背景音乐,她一定在哭。她打开行李,擦去脸颊上的泪水,拥抱了我,说道:"我为你感到骄傲,并不仅仅因为你会踢足球。"然后她便离开了。

那天晚上,所有的转学生都聚集在一间名为莫里斯·钱普林(Morris Champlin)的新生宿舍的地下室,也就是众所周知的"MO/CHAMP"。我们之中，有举起手来就能摘到金色星星的聪明的孩子；有不仅很正常，而且比我们其他人都要优秀的孩子。我是什么？一个穷得天天坐公交车、不属于这里的垃圾白人。来这里是个巨大的错误。这些人会发现我不应该出现在这里。

我们在房间里转悠来转悠去，分享了有关我们从哪里转来，以及来这所大学之前的那个夏天我们做了什么等信息。这是一个可怕的开始。第一个孩子在高盛集团工作了一个夏天，这对她有好处。接下来的那个孩子是从普林斯顿大学转过来的，在国家卫生研究所工作。紧接着的另一个孩子是从哈佛大学转来的，被列入了诺贝尔奖的候选名单。我要走了。

我决定回到我原来的备用房间，在轮到我之前躲到洗手间去。然后下一个人站了起来，很引人注目。他紫色的头发像豪猪的刺一样炸起来，手腕上挂着自行车链作为手镯，工作服上溅满了油漆。他说话的声音听起来像是在嚼鞋子。他说他叫戴维·科尔（David Cole），来自新罕布什尔州的汉诺威，是从兰玛克学院转来的，这是一所为患有学习障碍和注意力障碍的孩子设立的两年制学院。那年夏天他在建筑工地工作。我对自己说，那就是跟我一样的哥们儿。我不敢相信他竟然在这么多聪明的人面前露面，并告诉他们他有问题（和我一样）。从今晚开始，我都不会躲在洗手间了。

在介绍完之后，令我非常沮丧的是，"破冰活动"仍在继续。我们收到了一份匿名的趣事清单，要求我们和其他转学来的学生结对。我从在高盛集团上过班的女孩面前经过，径直地走到戴维跟前，做了自我介绍。"我叫戴维。"他一边说，一边用手指顺着趣事清单滑到页面中间。"我知道了，"他说，"马戏团表演者。"我没有听懂这个笑话，非常严肃地说："不，我是踢甲级足球的。""不可能！"他喊道，"我不信。""你呢？"我问。他面无表情地说："投资银行家。"他疯狂地挥舞着双手说，"现在告诉我一些其他的事情，一些真正有趣的事情。"

我告诉戴维，我患有诵读困难，直到12岁才学会阅读。戴维是第一个听我说这件事的人。然后他告诉我他的故事：高中辍学，与药物滥用做斗争，从两年制大学毕业后，成为一名艺术家。我无言以对。"你的趣事是什么？"我问他。他的趣事是，他在11岁时就学会了焊接。他笑着说："看起来我在你学会认字之前就学会了焊接！""你也很酷。"他说。"酷吗？"我问。"当然。你在开玩笑吗？患有诵读困难的人的大脑很厉害。"

那天晚上我回到家，独自一人坐在宿舍里，思考着戴维说的话，就像他告诉我圆形是正方形一样。"我的大脑、我的残疾、我的缺陷,不一定是需要修复的问题,可能是一个需要否认的缺陷,需要隐藏自我的一部分"这种说法对我来说有点复杂。撇开酷发型不谈,戴维·科尔就是个混蛋。

戴维称我的大脑、我的缺陷"很厉害",其实是在争辩,他认为那些被认为是疾病的差异并不是天生的缺陷。我上大学时,意识不到这点。那时,和现在许多人一样,我被困在科学研究的海洋中,这些研究"证明"诵读困难和注意缺陷多动障碍是"基于神经生物学的缺陷和残疾"。多年的学业失败证明了研究的结论是正确的——我有残疾。有明显的例子表明哪种类型的人比我更好:聪明阅读小组的孩子,那些可以坐着不动的孩子,那些在我不正常的时候正常的孩子。这一切难道不能证明他们对我以及我们的看法是对的吗?

但我在这里,在一个他们说我永远不会在的地方。我的拼写仍然是三年级水平。我还是坐不住。我仍然有他们说的那些问题,但不再是个问题学生了。有没有可能他们都看错了我?

一天晚上,那是我在布朗大学的第一个学期过去一周后的一天,我在戴维的宿舍里,打算和他一起出去吃晚饭。他回来的有点晚,还没洗完澡。我坐在他的床上,等着他,听着他的意识流节奏——淋浴时唱的多动症版本的歌曲:你知道罗伯特·劳申伯格[1]（Robert Rauschen-berg）有诵读困难吗？汉诺威距离加拿大边境大约有104千米。那个女孩萨拉（Sara）看起来像只青蛙。我们应该去哪里吃饭，不想再吃烤肉串和咖喱。我们应该AA制。咖啡不错。我们应该写本书。

水声突然停了下来。戴维光着身子走了出来，站着的地面积了一摊水，他说："是的，我们应该写一本书。"对于一个12岁才学会阅读和写作的患有注意缺陷多动障碍和诵读困难的高中辍学学生来说，这是世界上最"符合逻辑"的事情。我嘲笑他的想法，他回到淋浴间，继续洗澡，就像什么都没发生过一样。戴维洗澡时总能产生新的想法。

两周后，我做了一个梦，梦到了我经常去的学校。一会儿，我在走廊里，因为我无法在课堂上安静地坐着和看门人说话；一会儿，我检查卫生间的隔间，以确保里面没有其他人，接着经过一条长长的走廊，然后又回到了那个愚蠢的阅读小组，我在班上大声朗读，结结巴巴地念着每一个字。我在凌晨1点30分醒来，给戴维打了电话，因为我知道他也睡得很晚。

"是的，"我在电话里说，"我们应该写本书。"

---

[1] 罗伯特·劳申伯格，美国著名波普艺术家。

不管怎么说，布朗大学都是个奇怪的地方。这所大学是由美国殖民地的弃儿创办的，在20世纪50年代，里面的学生都是曾被哈佛大学和耶鲁大学拒绝的富人子弟（女孩儿们上的是彭布罗克女子学院）。20世纪60年代，这所学院被反主流文化占据，变成了今天的样子：奇怪的常春藤盟校，没有核心要求，学生想学什么就学什么，想什么时候学就什么时候学，实行以个人为基础的教育。

戴维和我确实开始合写一本"书"，这本书成了我的教育中心。最终，我将在布朗大学完成四分之三的"课程"，以某种形式的独立研究来支持这个项目。在此期间，我有三位导师：苏珊（Susan）、罗伯特（Robert）和格雷西拉（Graciella）。这些人把我吓得屁滚尿流，他们教会我：那些吓到你的人才能教给你最多。

苏珊是一位后现代主义文学教授，我敢肯定，她读过雅克·德里达[1]（Jacques Derrida）法语版的作品，并把朱迪思·巴特

---

[1] 雅克·德里达是20世纪下半叶法国重要的思想家之一，法国著名的哲学家、西方解构主义的代表人物。

勒称为"圣朱迪恩"（Saint Judith）。我在布朗大学的第一个学期就遇到了苏珊，当时参加了她的高级文学理论课，因为我们都知道，聪明的英语专业的学生都会这么做。我清楚地记得我第一天上她的课的情景，因为那是我在布朗大学的第一节课。我很害怕，但已经做好了准备。我买了两包彩色钢笔、五本便笺纸、两支自动铅笔、三块橡皮、一台绘图计算器，还有一个我妈妈从沃尔玛给我买的像捕鼠器一样的装置，它似乎是校园里唯一的一个。很明显，我已经准备好了。

我提前45分钟到了教室，坐在前排正中间。苏珊走了进来，留着响尾蛇般的卷发，穿着全黑的衣服。上课时小声说话，只会让她的声音更响亮。她在黑板上写雅克·德里达，然后每个人都点头。她接着说了一种似乎除了我之外，房间里每个人都能听懂的外语：后结构主义，所指和能指的千差万别，以及一些关于后现代凝视的东西。我呆滞地看着，后来才知道，她不是那个意思。

我当时觉得整个常青藤盟校的英语专业都不适合我。

苏珊随后转向全班同学，问道："为什么这一切都很重要？"问得好。人们疯狂地举起手来，用同样的外语长篇大论地回答，我开始怀疑，许多人都听不懂自己在说什么。苏珊礼貌地听着，然后说这很重要，因为语言塑造了世界，将我们进行分类，如果我们理解了这是如何发生的，就可以解构自己，"成为一个新的自己"。现在我明白了，这是一种我需要知道的语言。

苏珊成了我在布朗大学的顾问和朋友。她向我介绍了这样一种观点，即我们认为自然和不言而喻的许多事情过去一直是且将永远是"社会基础"。她继续说着一种我很难理解但与我的生活息息相关的语言。除了戴维之外，苏珊也是我分享写这本书的想法的人。我告诉她，这本书是关于我和戴维如何克服学习和学校的挑战取得成功的。她笑着对我说，这本书听起来既有趣又重要，但可能比我想象的要复杂得多。

～

戴维和我每周三晚上9点到午夜在"MO/CHAMP"见面，一起写我们的"书"。其实我们并没有真的在写。当然，我们表现得就像在写书一样。我们讨论了"章节"和"市场"。但实际上，我们所做的是向彼此讲述我们的故事，并在这样做的过程中，向自己讲述自己的故事。戴维的故事比我更多。他是从一所专门教授有学习和注意力缺陷的学生的学校转学来的。在一次期末考试中，他闯入教授的办公室，根据课程内容创作了一个身临其境的艺术装置。他得了A。在那里，没有人被认为是正常的,因为不正常是那儿的常态。

对我来说情况并非如此。我还不知道我的故事从哪里开始,所以戴维小小地采访了我一下:

"谁"(who)和"怎么"(how)两个词看起来都一样?

说对了。

你分不清单词"房子"(house)和"马"(horse)的区别吗?

说对了。

你和看大门的人是最好的朋友吗?

说对了。

你会躲在厕所里躲避大声朗读?

说对了。

你学会闭眼看书了吗?

说对了。

你找到了一个特殊的天赋(足球)作为补偿吗?

说对了。

你会在学校感觉自己愚蠢、疯狂、懒惰、有缺陷,而且现在依旧如此吗?

说对了。

我坐在"MO/CHAMP"的卤素灯光下,无言以对。戴维怎么会知道我的故事?"你知道,你不是唯一一个有这样大脑的人。"他说。在那个地下室里,我们花了几个月的时间研究了有关"学习和注意力障碍"的历史和科学。老实说,一旦读完了大部分这些研究(好吧,其实是所有这些研究)的标题,我真的发现科学让我感觉好多了。我在阅读和写作方面举步维艰,不是因为愚蠢,而是因为我的大脑存在"左半球缺陷"。我总是丢车钥匙,不是因为懒惰,也不是因为做事杂乱无章,而是因为"额叶受损"。

戴维和我并不是唯一从差异教化中找到避风港的人。因此,我们现在所说的神经多样性在它们被病理化之前就已经被教化了。不识字的孩子是哑巴,坐不稳的孩子是坏蛋,不做眼神交流的孩子是在故意挑衅。科学把这些称为真正的"问题",而不是性格缺陷。撇开负面标签不谈,我知道,和戴维一起坐在"MO/CHAMP"里,患有诵读困难和注意缺陷多动障碍比变得愚蠢、疯狂和懒惰要好得多。

医学模式用病理学将我们"非正常人"从道德化的专制中

解放出来。当然，事情并没有那么简单。我当时以及现在的另一位导师罗伯特敦促我更深入地思考这个问题。罗伯特经营着公共服务中心，这份工作跟布朗大学的许多其他工作一样，毫无意义。罗伯特是一名画家、作家、同性恋活动家和理论家，是一名被收养的同性恋马克思主义者，对殖民建筑和音乐电视充满热情。

我是在罗伯特的服务中心申请一份辅导项目的工作时和他认识的。他与我分享了关于社会建设和病理性的想法，我们很快成了朋友。我们还谈论了20世纪六七十年代和80年代的他反对的并将其称为"强制异性恋"的运动。我要第一个承认，我发现罗伯特的许多或者大部分想法都极具挑战性。我并不认识多少公开同性恋身份的足球运动员，我的父母也没有公开关于性的进步性观念。有一次，我跟妈妈说，下辈子我要当室内设计师，她问我是不是"同性恋"，我不完全确定这二者之间有什么关系。

一天早上喝咖啡时，罗伯特告诉我，我必须读性科学家阿尔弗雷德·金赛（Alfred Kingsley）的两本重要著作《人类男性性行为》（Sexual Behavior in the Human Male）和《人类女性性行为》（Sexual Behavior in the Human Female）。我问罗伯特：第一，这些书有插图吗？第二，像这些该死的书和我的经历以及项目有什么关系？罗伯特向我解释说，从20世纪40年代末开始，金赛开展了历史上规模最大的人类性行为研究。与过去关注"异常"的性行为的研究不同，金赛研究的是"更具代表性的人群"。他采访了10万名男性和女性，在几个小时内向每人提出300~500个问题。这些采访鼓励人们畅所欲言，没什么限制。这项研究的结论是，绝大多数被认为是"异常"的性行为实际上是相当典型、相当正常的。金赛写道："我们生活的世界在它的每一个方面都是一个连续体。"

罗伯特说，如果世界是一个拥有各种形式的连续体，当这个连续体的某些部分被分组、分类贴上疾病或其他标签时，可能是错误的，这是一种文化行为，而不是自然行为。他暗示，也许我们都处在某种能力和残疾的连续体上，只是还不知道而已。

～

戴维最终搬出了学校，搬到普罗维登斯南侧的一位工业艺术家的阁楼里。我们在那里写书，戴维收藏了许多工业凳子、旧工具、医疗物品、加油站标志、旧书、老式学习用品，以及许多从垃圾桶里拣出来的或从旧货店淘回来的其他现成的艺术品。那个阁楼仍然是我一生中去过的美丽的地方之一。

为了我们的研究，戴维和我读了临床神经学家拉塞尔·巴克利（Russell Barkly）写的一本名为《注意缺陷多动障碍与自我控制的本质》（*ADHD and the Nature of Self-Control*）的书。巴克利当时是，现在仍然是世界上研究注意缺陷多动障碍的优秀的专家之一。这本书，就像巴克利的学术研究一样，满是很长的段落和晦涩的词，描述了注意缺陷多动障碍患者的大脑缺陷。有一天，我去找戴维写书，发现他在屋里走来走去，读着这本书，自言自语。几分钟后，他扔下了这本书，走到他的电脑前，拼命地打字，打印出了一个新的封面，上面写着："一个非常坏的人写的一本非常糟糕的书。"

在写书这一点上，戴维和我互相帮助，我们的书讲述了一个全新的、更复杂的关于我们自己的故事。戴维经常花几天时间待在工作室，不吃饭、不睡觉，难道他真的是一个注意力"缺失"的人吗？有一天，当我凭记忆一字不差地背诵我们几周前讨论过的东西时，戴维忽然问我："你有学习障碍吗？"当在创作一本书和上一大堆课时，与我们的同龄人不同，我们真的是病态地过度活跃。在那个阁楼里，因为彼此，我们身上的分类的客观性、自然性和必然性开始土崩瓦解。

格雷西拉女士鼓励我们回答我们一直在问自己的问题（在这个世界上，残疾是事实吗？残疾是属于医学范畴还是少数群体的身份？差异有价值吗？等等）。格雷西拉是布朗大学教育部门的主席。她出生于墨西哥，在纽约市长大，是一位激进的教育活动家，认为特殊教育和所有标签都应该被废除。她建议我读一些谈论残疾的书，不是把它当作医学现实，而是像她所说的那样，将它称为一种社会结构。

这些书的内容与我和戴维做的研究截然相反。例如，迈克尔·奥利弗（Michael Oliver）的《残疾的政治》（*The Politics of Disablement*）、苏珊·温德尔的《被拒绝的身体》（*The Rejected Body*）、罗斯玛丽·加兰·汤姆森（Rosemarie Garland Thomson）的《非凡的身体》（*Extraordinary Bodies*），以及其他许多反对残疾医学模式的文章。他们主张被学者、倡导者和社会理论家称为"社会模式"的理论，即残疾是由社会的组织方式、结构、价值观和态度造成的，而不是由一个人的局限性、缺陷和差异造成的。

当然，我并不买账。在我生命中的某个时候，我认为自己有学习障碍，这是一个生物学事实，而不是由任何人编造或构建的。格雷西拉和我在这件事上争论不休。一天早上,她给我讲了一个故事,故事的主人公是一个名叫卡罗琳娜(Carolina)的小女孩。她出生时脐带缠在脖子上,被困在产道里5分钟,大脑缺氧,差点死去。但幸运的是,她活了下来,但一只眼睛瞎了,身体还瘫痪了,而且不得不通过呼吸器呼吸,并需要请专职健康助理。当被问到如果她有了魔杖,她希望生活会发生什么变化时,她眨了眨眼睛,通过她的辅助交流设备回答道:"我希望人们不要盯着我看。"

～

1998年秋天,我和戴维·科尔把我们出书的创意卖给了西蒙与舒斯特国际出版公司。同一学期,我上了一位著名诗人的诗歌课,这门课的期末考试是让我们选择的一位诗人进行研究,并写一篇长论文。在那年里,我们还在课堂上就未分类的诗歌写了读后感。我提交期末论文一周后,被叫进了诗人的办公室,她把我每周手写的读后感放在我的打印的期末论文旁边。她指责我抄袭论文,因为"写这些可怕读后感的人永远不可能写出这样的东西"。在布朗大学时,我主修英语的成绩是4.0分,并且已经把一本书的版权卖给了一家大型出版社。但我又一次被错误地指控作弊。有一阵子,我感觉自己就像那个六年级的孩子。但我问自己,我真的是问题所在吗?不是的。抛开这位著名诗人不谈,我第一次想到了母亲当时让我放手去做时的情形;第一次,我在内心深深诅咒米老鼠,并为自己辩护,想要改变这一切。

在和戴维写书的时候,我还在当地的一所小学做志愿者,在那里和一个叫威廉(William)的孩子一起工作了一段时间。在威廉被派到我这里之前,我和他的一位特殊教育老师坐下来谈了谈。她告诉我,威廉是智障——这是罗德岛用来形容他人有智力障碍的官方说法。她告诉我,威廉既不识字,也不会写字,几乎不会说话,而且不会穿衣服。说完威廉的情况后,老师带我去了威廉上课的教室。与同他的年龄相仿的同学相比,他身材高大,步履迟缓。那一刻,他安静地站在房间的后面,看着窗外的鸟儿。我做了自我介绍。他没有说话,也没有和我握手。他指着鸟儿。

8点15分,铃声响了,威廉班上的其他同学开始走进教室找座位,威廉没有。他站在后面看着窗外他的世界里的一切。我问威廉是否要找他的座位,他没有回答,只是转向桌子,开始笨拙地走向后排的一个座位。然而,威廉在一个小男孩坐的第一个座位前停了下来,一动不动。"继续走吧,"我对威廉说,"该坐下了。"威廉弯下腰,给了小男孩一个拥抱。"这是我一天中最美好的时光。"小男孩说。在接下来的5分钟里,我观察威廉从一张桌子走到另一张桌子,在每一张桌子前停下来,给每个孩子一个拥抱或对拳,或者击掌。后来我了解到,威廉每天在每个班级对每个孩子都会这样做。我意识到威廉并不是智障,他有甘地一般的情商,有着耶稣一样的精神智慧。

我坐在威廉学校的外面,想着他,也想着我自己。我想说,这不是注意力的缺失,而是过度注意。我不会拼写,但比我在布朗大学认识的任何人都会说话。我可以在足球场上看到其他人从未发现的方案。我是建设者、谈话者、探险家。人们花了太多时间关注我哪里出了问题,以至于很长一段时间里,我都看不清什么是对的。

我离开了那所学校,问自己:当我们解决问题时,错过了什么事(我们故意忽略、误解、不知道的是什么)?我觉得是所有的事。

～

一天晚上,在阁楼里,戴维问我,如果可以的话,我会不会摆脱学习障碍。如果是在布朗大学入学的第一天，我会毫不犹豫地回答"一定能"。但作为洛约拉马利蒙特大学的学生，现在我很困惑。如今在这里，戴维和我有着和以前一样的头脑，但我们并没有陷入挣扎，而是取得了成功。我还有学习障碍吗？

我的过去在我看来是不同的。我一直为不能安静地坐着而感到羞愧，但这为什么如此重要呢？有人告诉我，阅读是人类能做的最重要的事情，但事实并非如此。在彭尼坎普小学或者其他地方，一系列文化价值观创造了一个对某些大脑和身体起作用的环境，但不是针对所有人，甚至不是大多数人。顺从与善良、阅读和聪明、正常与正确被混为一谈，不正常则被误认为错误。在那样或其他环境中，戴维和我都被当作弱小的人对待，而我们也逐渐以这种方式看待自己。

我开始意识到，一个人不是天生就是残疾的，而是被变成残疾的。正常、能力、残疾不是一个人内在的特征或事实，而是人类变化无常的现实与围绕、约束、允许或消除差异的社会环境之间的关系。能力和残疾是相关的。社会的主导思想、态度和习俗决定了人们对身体、大脑和人类的看法是对还是错。

我对戴维问题的回答是"不会"。

～

罗伯特经常对我说："你们应该为你们的不同感到自豪。"自豪吗？我从来没有遇到过像我这样自豪的人，即使是戴维。试着接受、敞开心扉，当然可以，但不是骄傲。他说："你应该去当地的一所小学，向一些和你一样的孩子讲你的故事，我打赌他们一定会为你骄傲的。"

我决定在当地一所学校向一群人发表演讲，证明罗伯特的想法是错的。我的演讲很糟糕，我用45分钟的时间向一年级的学生讲关于传统教育的失败、有差异的人的被边缘化以及"残疾"的社会建设。演讲结束后，我看到了一副副倍感无聊的面孔，于是立即向出口走去。但我还没来得及离开，一个6岁的男孩就向我走来。他感谢我的到来，并告诉我他在学校度过了一段艰难的时光，现在感觉自己不再那么愚蠢了，然后给了我一个拥抱。罗伯特是对的。

我回到宿舍，给戴维打了电话。"我们应该创建一个项目，让像我们这样的布朗大学的学生导师来指导和我们有同样问题的小学生。"戴维歇斯底里地笑了："这是我听过的最糟糕的主意。像我们这样的人？导师？"然后他挂断了电话。1秒钟后，他回电说："我加入。"

我们称这个项目为"面对面项目"。我们从福克斯波因特小学（Fox Point Elementary School）招募了5名小学生，并招募了5名大学生作为他们的导师，其中一名来自罗德岛设计学院，其余的来自布朗大学。这是一群杂乱无章的人：戴维·科尔每一次会议都迟到；莎拉考上了罗德岛设计学院，被举荐参与波士顿一个公共艺术项目，目前处于试用期；另一个叫戴夫的人曾是一名专业魔术师；一位名叫帕特里卡（Patrica）的女子24小时制作了一部先锋派电影；一个叫布伦特（Brent）的家伙留着及腰的头发，看起来像耶稣，在哈佛的面试中，他假装自己的头着火了，在地上打滚，痛苦地尖叫。布伦特没能进哈佛大学，但进了布朗大学，这说明了布朗大学的很多特点。这里没有完美的导师。

项目开始的第一天，我们根本不知道我们在做什么，有种"成功之前先假装已经成功"的感觉。计划是我们每个人与一个学生分享我们的求学经历，然后做一个艺术项目。我们两人一组，每个人都开始和孩子交谈。我和一个叫埃里克（Eric）的孩子分为一组。经过20分钟的交谈后，我休息了一下，看看其他小组进行得怎么样。第一组看起来相当不错。布伦特正在与一位叫吉米（Jimmy）的三年级学生交谈，他身上有心理医生们知道的所有标签：注意缺陷多动障碍、强迫症、对立违抗性障碍，还有一大堆尚未被发现的标签（给他们点时间）。吉米是个受过伤的孩子。他的老师告诉我们，他非常害怕上学，早上躲在床下，恳求他的祖母不要让他去学校。

一走到离布伦特和吉米不到1.5米的地方，我就听到布伦特对着吉米尖叫（布伦特通常说话相当温和）。"吉米，"他用狂热的眼神，挥舞着双臂，高声说道，"如果你今天学到了一件事，你必须知道普通人……非常差劲，他们太他妈差劲了！吉米！"这是一次尴尬的谈话，尴尬到我感觉我的心脏都骤停了。当时我不知道该做什么或说什么，所以假装没有听到这位导师在对三年级的学生说脏话。不过，那天晚上晚些时候，我打电话给布伦特，对他大喊："怎么能对一个孩子说脏话呢？你在想什么，你在学校里说这些话吗？"我斥责布伦特时，他一句话也没说，直到我说完，他才开口说话："我说的都是实话，正常人都很差劲。"然后他挂了电话。

我真希望这事能就此打住。没有校长在场，也没有老师在场，我们可以忘掉整件事。但我错了。第二天早上，我接到了福克斯波因特小学校长的电话。她恭敬地邀请我去她的办公室，讨论前一天发生的事情。我开车去了学校，脑海里思索着该怎么为这事道歉。当我到达校长办公室时，不仅校长在，吉米的祖母也在那里，这证实了我的担心。我一走进那个房间，吉米的祖母就站起来指着我说："你对我孙子做了什么？""我什么都没做,"我说,"是那个叫布伦特的家伙干的。"管他长得像不像耶稣,反正他没好果子吃了。

吉米的祖母眼里含着泪水。"3年了,"她说,"我的孙子在上学前一直躲在床底下。3年了,每次从我们家到学校时,他都哭着求我要回家。但是今天菲利普起得很早,在车里等着准备上学。你对我孙子做了什么?!"我看着她说:"好吧。那是我的好朋友布伦特干的。"吉米有生以来第一次听别人告诉他:他并没有垮掉,他也不是问题的根源。这句话帮助他从床底下爬出来,去面对一个不是为他而生的世界。

2000年5月25日,我从布朗大学毕业,获得英国文学荣誉学位。我和戴维在布朗大学时合著的《体制外的学习》(*Learning Outside the Lines*)一书于同年9月出版。"面对面项目"也逐渐成长为一个全国性的组织。

我的孩子,你要知道,我在布朗遇到的最重要的事情改变了我的生活。不是出版了那本书,不是参加了"面对面项目",也不是遇见了戴维、罗伯特和格雷西拉,而是遇到了你们的母亲。我在一次剧本写作课上认识了她,当看到她的那一刻,我惊呆了。我花了一个月的时间和她交谈。在那段时间里,我每天下课后都会远远地跟着她,试图鼓起勇气和她取得联系。我终于这么做了,我们开始发电子邮件。我吓坏了,花了几个小时写邮件、检查拼写和重读我的四行电子邮件。我不想让她知道我的问题,当时不想,也许永远不想。

我们第一次约会是在一家咖啡馆。第二次,我去她的宿舍楼底下接她吃晚饭。我往她宿舍瞥了一眼,惊慌失措。总地来说,你妈妈宿舍的墙壁简直是与纽约尼克斯队有关的"圣地",尤其是与纽约尼克斯队高约2.13米的中锋帕特里克·尤因[1](Patrick Ewing)有关。我以为这是最后一次约会了,因为,我显然不是她的"菜"。她注意到我脸上的表情,一笑置之,然后继续告诉我更多关于纽约尼克斯队和NBA的事情,她知道每支球队的首发阵容,大多数体育播音员可能都不知道这些。这是一种激情,是许多激情中的一种,它像从她身上盘旋而出的同心圆。贝基(Becky),崇拜帕特里克·尤因和约翰·斯塔克斯[2](John Starks),会跳西非舞蹈,说着一口流利的西班牙语,还会美国手语,是一个强悍的小纽约人。我恋爱了。

---

[1] 帕特里克·尤因,1962年8月5日出生于牙买加金斯顿,美国/牙买加前职业篮球运动员、司职中锋。

[2] 约翰·斯塔克斯,1965年8月10日出生于美国俄克拉何马州塔尔萨市,美国前职业篮球运动员、场上司职得分后卫,现已退役。

我最终在我们约会一个月的纪念日告诉了她我有学习障碍。我给她写了一张便条，上面到处都是拼写错误。她没有笑话我或者把它揉成一团，如今还把它放在钱包里。几年后，我们订婚时，我问她是否确定想和我结婚，因为如果我们有孩子，他们中的一个很有可能会像我一样。"像你这样的孩子，"她说，"正是我想要的。"

没有人比你妈妈更让我害怕了。没有人比你妈妈教会我更多。在我的一生中，也没有人比她更爱我了。

～

正如残疾理论家托宾·西伯斯所写的那样，抗议、抵制、治愈就是拒绝关于你的错误论断，并批判那些提出这些论断的人。他写道："反对不公正待遇的个体开始发展反对多数人的理论，这些理论不仅反对他们自己，也反对支持这种贬义行为的社会的本质。抗拒正常需要重新定义被我们称为'问题'的人和事。使我残疾的不是注意缺陷多动障碍或诵读困难；使我丧失能力的不是我自己的局限，而是环境的局限。"

我现在知道了，这就是限制我的原因：被动学习就是孩子们大部分时间坐在桌子前，把阅读和其他右脑技能混为一谈的智力狭义定义；差异的医学化，将我的大脑缩整为一组缺陷，并忽视了许多与大脑差异对应的优势。

我想让你们知道，我过去没有，现在也没有残疾，就像人们常说的那样，我只是在无法容纳和接受我的不同的环境中扮演了残疾人。使我残疾的是在一个对某些身体和大脑充满敌意的环境中我的差异被对待的方式。能力、残疾和畸形不是世界上的事实，而是我们用来创造社会的社会结构。

这也是福柯所说的"交易现实"，即一种由公共政策、专业权力以及介于两者之间的事物创造出来的东西。就像"正常"一样，"不正常"并不存在被发现的世界中，也不存在人们的身体和大脑中。这不是个人的不幸或个人的缺陷，而是以牺牲所有不正常的人为代价，为正常建立的一种正常化和异化的社会环境的产物。这就是问题所在。

第七章
轮椅上的天才

> 当人们开始用正常的准绳来衡量他们关系的价值和生活方式时,被一套不同的规范所定义的人就会出现一种社交自杀现象。
>
> ——迈克尔·华纳[1]（Michael Warner）,
> 《常态下的困境》（*The Trouble with Normal*）

> 压迫和统治的形式变得无形——新常态。
>
> ——米歇尔·福柯

---

[1] 迈克尔·华纳,美国文学评论家、社会理论家、耶鲁大学英国文学和美国文学研究教授。

我的孩子,有天晚上,你问我"是谁制定了规则",那时你才6岁,在上幼儿园。对话发生在周二晚上9点,我还记得那天早晨我们5点就起床了。规则和它们的制定者以及公平性都十分重要。很显然,那是一个很好的教学机会,可惜我没能抓住。

"规则很重要,"我轻蔑地打了个哈欠,"现在回去睡觉吧。"

很显然,父母的这番陈词滥调并不能令你满意。"不,爸爸!"你大喊道,"我想知道究竟是谁制定了规则!"你看起来真的很沮丧,我不禁猜测,是不是学校发生了什么事情?你伸出双手,声嘶力竭地喊道:"是谁规定女人在海滩上必须穿上衣?"很显然,你思考这个问题很久了。"什么?"我问。"是不是一天有一个男人走进市政厅,说道:'嘿,姑娘们,我不想再看到你们的胸部了。'"我说不出话来,你继续问道:"但如果男人脸上有阴茎怎么办?难不成他们要戴一个看起来像匹诺曹面具的装饰才能出去吗?不,那是不可能的。所以我想知道,究竟是谁制定了关于正常的规则?我们可以改变它们吗?"

一

你的第一个问题很简单。世界不是为不同的人而建的,而是为相同的人而建的,这个世界的建筑师是少数有权势的人。

你问的第二个问题有一定难度:这些评判标准是否可以被推翻重建？我知道,对正常的界定,在过去和现在一直都是变化多端的。在这个世界上,正常不是一个既定的事实,而是我们人类在历史上创造的一个偶然结构,是可适应、可延展和可改变的。例如,在20世纪,粉色和紫色都是适合男孩儿们的颜色,21世纪又变成了女孩儿们的最爱;在一个时代中,人们心中的理想体型可能是丰乳肥臀,而在另一个时代,可能就变成了骨感纤细。正常的标准确实也会发生改变,就像我前面列举的例子,它可以证明正常是虚假的,一天变一个样。我曾经相信,也争辩过,认为这种可变化性证明我们可以创造一种新常态,可以让更多的人以更多的方式做出根本性的改变,将差异转变为正常。但我现在知道了,当"正常"发生变化后,有可能产生新的规范,并且,凌驾于我们之上的权势永远不变。我慢慢开始相信,"正常"这个词所蕴含的思想价值是不能被占为己有和重塑的,我会告诉你原因。

我并不觉得我们要一直拒绝"正常"。事实上,我和许多发现自己处于"正常"对立面的人一样,渴望正常。我曾为自己的差异感到羞愧,认为没有差异能让事情变得更好。但事实并非如此。我学会了接纳自己在学习上的缺陷和障碍。最后,在即将大学毕业时,我把这些障碍重新定义为社会结构,即问题不出在我个人身上,而是构建社会结构的产物。我曾经希望一切都会结束:如果我所谓的残疾是社会结构定义的,那么我就是正常的,不是吗?在我生命中的某一刻,我仍旧想要成为正常人,毕竟不正常的人永远比正常的人要少,而宣称正常是一种重新找回自我的尝试。

　　但这种找回自我的行为实际上是在进行自我否定。每个社会都在试图整合和接受差异。社会制度要么纠正差异,使之消失;要么将某些类型的差异转变为正常吸收进来,甚至直接容忍其存在。因此,不必非得改变自己的差异去和世界保持一致。在世界保持不变的情况下,仅仅宣布对多样性的热爱,并将某些差异重新命名为正常,就好比一边告诉像我这样的孩子,我们每个人都与众不同,一边又将我们置于要求我们保持相同的社会环境中。

从布朗大学毕业后，我就经历过这种虚假的生活，随后一点点摸索出了我现在的这种生活方式。毕业后，我搬到纽约。回首往事，我从未制订过一个可行的人生计划，虽然当时我觉得我已经像励志演讲家、畅销书作家托尼·罗宾斯（Tony Robbins）一样，摆脱了生活中的霉运。我在公园大道和麦迪逊大道之间的第二十九街找到了一套公寓。这套公寓约93平，两室两卫，每月租金1500美元。我简直不能相信在纽约这座城市竟然可以租到这么便宜的公寓，这太令人难以置信了。楼下就是一家印度餐厅，我还有另外一个"室友"，它是一只和猫一样大的喜欢吃咖喱的老鼠，我们生活在同一卧室，它就住在离我的床几英寸（1英寸≈2.54厘米）的洞里。我的这位"小室友"晚上才出来活动，我用我那本詹姆斯·乔伊斯[1]（James Joyce）的《尤利西斯》（*Ulysses*）堵住了它的洞。这只老鼠显然不是乔伊斯的书迷，但已经开始啃那本700页的书了。这座公寓恰好位于两个警察局辖区的中间地带，因此便成为当时纽约市最大的红灯区。

从专业角度来讲，我曾想过有一天会搬到纽约，我的书也会出版，还会成为一本畅销书。之后，我会挣很多钱，很多人会来找我约稿。我也认为这次的成功会让"面对面项目"发展为

---

[1] 詹姆斯·乔伊斯，爱尔兰作家、诗人。他是20世纪伟大的作家之一、后现代文学的奠基者之一，其作品及"意识流"思想对世界文坛影响巨大。

一个全国性的非营利组织，并帮我打开资金的"闸门"。

可实际情况却是，在这座拥有800万人口的城市中，有着数不清的作家和非营利组织，没有人想要资助我们。我打电话给基金会，向他们请求资助却遭到拒绝，并让我不要再打电话了。到八月份，我基本成了一个穷光蛋，又一次觉得自己不该存在，也许我这有诵读困难的大脑没有戴维想象得那样厉害。也许我刚刚把他们都骗了，游戏就结束了。我曾在布朗大学取得过一些成功，我把它们填进了表里，还用我之前从未有过的金色星星做了标记，这让我心情好多了。如果你能够从成功中获得价值感，就总能够找到下一颗可以填进表格的金色星星，一颗接着一颗。那年夏天，我父亲问我，如果写的书或者创办的非营利组织最终失败了，我下一步计划干什么。我告诉他，我要去法学院。如果成功的话，我又将获得一颗金色星星。

我决定自食其力，整个夏天都在浏览网站，寻找与学习和注意力相关的聊天室。我会在聊天室直接给人们发邮件，这种行为真的很像跟踪狂。不过我也的确因此收到了一些回复，它们主要来自像我这样的孩子们的母亲们。我回复：如果她们能够组织一场演讲，并给我提供住宿的地方，我就会在她们所在的社区进行公益演讲。这种宣传策略在某种程度上起作用了，因为在我接下来周游全国的一年里，得到了这些勇敢的母亲的支持。她们会回复我那些有拼写错误的邮件，允许我睡在她们家的沙发、地板或儿童床上（当然上面没有孩子），还将我的书和我的经历分享给更多人。

受到其中一位叫利娅（Leah）的妈妈的鼓励，我在我的"读书之旅"中做了第一场正式演讲——向在圣迭戈一所学校接受特殊教育的六年级学生分享我在学校的经历。这群六年级的同学是第一批接受我这种新兴的、非常专业的公共演讲的听众。我想了想，在这些关于意识流主义的长篇大论中，确实包含了一些本不该在孩子面前说的话。我还能清晰记得这次演讲的主要原因在于，我决定谈谈一位名叫马丁·塞利格曼（Martin Seligman）的心理学家，他研究了经历痛苦的生命个体。我告诉孩子们塞利格曼所做的一个最臭名昭著的实验。塞利格曼专门为这个实验打造了一个笼子，并把这个笼子从中间隔开，给两边都通上电。紧接着，他把一只狗放进笼子，电流从笼子两侧逐渐向中间蔓延，越靠近中间，电流就越密集越强，直至狗没有躲避危险的地方。

在场的老师面露惊恐，我仍继续说道，这个实验让我想到了我的学生时代，我可以感觉到老师倒吸了一口凉气。我向他们解释这两者之间的联系：早上我蹦蹦跳跳地出现，"乔纳森，好好走路"——第一次的打击。下节课是阅读课,赏析电影《警犬追杀令》(*See Spot Run*),在接下来一整天的时间里我都会听到其他同学谈论这部电影,"乔纳森,回你的弱智阅读小组去"——第二次的打击。接下来是课间休息,课堂中最后一个被点名的,往往是操场上最后被点名的,那个人就是我——又一次打击。紧接着,要大声朗读了,我躲进了浴室——再一次的打击。我回家后,我爸爸问我,"你没事吧,乔纳森"——最后一次的打击。所有吓人的人和事堆积到一起,使我无处可避。

在我刚讲完故事的时候,老师就在一旁疯狂做手势想让我停下来。我视而不见,反问学生他们怎么看那只在笼子中一直受到伤害的狗。我仍记得当时底下一片沉默。没人随意乱动,没人相互对视,没人大声呼吸。看来,狗的故事的确确给孩子们带来了一定意义上的思考。最后,前排的一个小孩举起手。他告诉我,他叫迈尔斯(Miles)。他有着蓝眼金发,"爆炸"头发中还夹杂着几缕紫色头发。他的书包是用扣针、胶带和带有朋克摇滚乐队图样的补丁缝在一起的。他直视着我的眼睛说:"如果这只狗像人一样有对大拇指,能拿起打火机,那一定会去吸毒。"

所有人都笑了,唯独迈尔斯没有。"在因吸毒而兴奋的那一刻,"他说,"它会自杀。"再没有人能笑得出来了。当某人说出了不该说出的事实时,房间里的孩子们都沉默了。在这片沉默中,我就那样站着,直到再也无法承受的时候,离开房间,在走廊中哭了出来。

～

我们可以说差异是正常的,但事实是,尽管我们谈论了差异,并希望能对正常有一个更为广泛的认识,"评判正常"的"法官"们却从未放弃寻求一种新的方式,即"新常态"。所谓的新方式和旧方式没什么不同,不过是把"圆"磨成"方"的老把戏了。从那天起,我从成千上万的人嘴里听到过他们对生活感到绝望的表达,就像迈尔斯一样。数年里,对于这些故事,我思考了很多。我也讲过我自己的故事,但仍然不明白这些故事。我仍然会为发生在我身上的事感到羞愧,但实际上这种事情没什么大不了的,对吧?最起码,这是我当时的感觉。我努力阅读、拼写、静坐,别人也在极力帮助我去做这些事情。所以为什么12岁的我不想活下去了呢?因为我软弱吗?因为我是一个懦夫吗?关于我自己的事情,我思来想去,有了很多认识。所幸,我并不孤单。

尽管有多样性的说法,但不正常人的队伍仍在扩大。我们的社会环境、学校、工作场所和社区都有了更加严格的标准，其结果就是导致更多的人被贴上了大脑和身体失调的标签。美国精神医学学会出版的《精神疾病诊断与统计手册》(*Diagnostic Statistical Manual*)，平均每一个新版本都比上一个版本增加了25%的疾病。特殊教育是美国发展最快的教育形式，像害羞这种曾经被认为是差异的特质，现在被认作是障碍。当然，随着修复产业和制药产业的蓬勃发展，这种给"不正常"或者"畸形"下定义的机构越来越赚钱。我觉得从这个意义上来讲，我们确实有了一个新常态，那就是，历史上没有哪一刻有现在这样多的人被贴上了"不正常"的标签。

大脑和身体差异仍然被视为待治愈的缺陷。这里有一个令人震惊的真实案例：2008年秋天，在纽约大学的儿童研究中心，儿童和青少年心理健康研究所发起了一项全国性的公益广告运动，以提高人们对儿童心理健康问题的认识。这场运动除在全国性报纸、杂志和网站上刊登广告外，还在纽约市的广告牌、建筑工地和报摊上刊登了200多则广告。我第一次见到这个广告是在《纽约杂志》(*New York*)里，内容类似于绑匪手写的纸条，上面写着："你们的儿子在我手上，我会一直骚扰他，终有一天他会伤害自己和周围人。如果忽视这一点，你们的儿子会为此付出代价的。"署名为注意缺陷多动障碍（ADHD）。在另一张署名"自闭症"的纸条上写着："你们的儿子在我手里，只要他活着，就永远不能照顾自己或与他人交往。"一张署名

"阿斯佩格综合征"的纸条上写着:"你们的儿子在我手上,我们正在摧毁他的社会交往能力,把他逼入一种完全被孤立的生活。现在决定权在你们手里。"总言之,另外六张"赎金单"上也有类似的信息:"这只是开始,如果你放任不管,那你的孩子是会为此付出代价的。"

～

我开始相信,如果不否定差异,就不可能宣称差异是正常的。想要得出这种结论需要经历很长的时间。我是在遇到一个叫杰克(Jack)的孩子时才有了这个想法。

在圣迭戈发表第一场演讲后的6个月里,我都是睡在别人家的地板上,哪里有人需要我,我便会去哪里免费做演讲。直到春天,我才做了第一场有偿演讲。这次的行程是一个叫吉尔(Jill)的女人组织的,她就是之前那几个为数不多回复我邮件的人员中的一个。她亲自为我安排了一个系列演讲活动。我提出可以免费做演讲,但是吉尔找到了一所学校,他们愿意支付250美元来让我为他们的学生演讲。这简直像是中了头奖一样!我当时几乎身无分文,连去机场的大巴车都只能用零钱支付。吉尔在机场接到了我,我们直接开车去了学校。在停车场,吉尔告诉我,我即将做演讲的这所学校"十分传统",随后操着第三代西部口音自豪地补充了一句:"但是,老天爷,他们是真的好!"

校长跟我打招呼,握着我的手说:"你能来这里,我们太开心了!你是如此鼓舞人心,你对我校的学生来说太重要了,这样学生们就能知道他们能够克服自己的问题。"校长领我参观了学校。当我们经过一间教室时,我隐约看到了教室后边有一个学生在一个类似盒子的东西里面跳来跳去,这引起了我极大的兴趣。于是我问校长能否停下来让我看看这间教室。校长爽快地答应了:"这个班的老师是我们这里优秀的老师之一,很照顾像你这样的孩子。"

我没有看错,教室后面确实有一个3英尺(1英尺≈0.3048米)高的盒子,它是用廉价的胶合板书架做成的,里边有个学生。我从未见过类似的场景。"嘿,那个盒子是怎么回事?"我指着教室后边恭敬地询问校长。"哦,那是杰克,他和你差不多,都坐不住。"校长不带任何歧视地回道。

我不确定校长是否在开玩笑(对中西部人来说,有时候很难分辨)。"你是认真的吗?"我问。"你们学校这个叫杰克的小孩经常在教室后边的盒子里吗?"我又追问。"是的。"校长冷静地回复。我说不出话来,还没来得及问他们有没有其他孩子也像这样被羞辱、被禁闭,我就被带到了另一间教室进行演讲。

在等待孩子们的到来时,我坐在红色椅子上认真思考我刚刚看到的一切。我感到恶心。他们竟然把那个叫杰克的小孩关进盒子里,这是不对的。下午1点25分时,铃响了,学生们鱼贯而入,果然,杰克也走进来了。他在后边找了个座位,低下头,跺跺脚,敲了敲铅笔,没有看我一眼。

老师起身向大家介绍我,做了一个类似宗教中常用的手势,让教室安静下来,然后是精心设计的鼓掌动作。等孩子们安静下来后,她说道:"乔纳森过去和你们一样,在学习和行为举止方面有一些问题,但通过种种努力,他已经克服了诵读困难。让我们热烈欢迎乔纳森!"

我慢慢地走到了教室前面。通常情况下,在演讲前,我是不紧张的。但是那天,我喉咙发紧、手心出汗。我感到有些不对劲,我的故事被用来告诉这些孩子们,他们的差异是一种他们必须通过坚持不懈的努力来克服的缺陷。在这里,差异是可以容忍的,甚至是值得庆祝的,只要它不要求学校做出改变。在这里,我被叫过来向这些孩子展示我的差异,在某种程度上强化了我们应该完全一样的想法。

当时,虽然我还没有开口讲话,但那一瞬间,我觉得自己是受人追捧的,套用戴维·T.米切尔和沙伦·L.斯奈德的话说,因为我有能力达到"对正常状态的特定期许"。正如他们所写,这种"包容"能够容忍差异,只要差异不主动要求那些重申和加强一套有关归属和接纳的狭隘准则的机构做出过多的变化。换言之,只要正常保持不变,差异就可以被视作正常。

这对于我来说,不是鼓舞,更像是羞辱。我看着坐在后面的杰克,知道他需要听到的是一些其他东西。患有注意缺陷多动障碍错不在他,那个盒子的存在才是最大的问题。虽然我还不能彻底明白一些事情,但总能感受到"正常宇宙"中存在的不公。正常的群体永远需要我们,利用我们,因为如果没有我们这些不正常,就不会有他们的正常。这其实大错特错。

我走上讲台,首先感谢学校能够邀请我;紧接着,模仿我那来自洛约拉马利蒙特大学的精神病医生说:"我并没有克服诵读困难,但克服了教学困难。当你因为自己的不同而遭到不公对待时,相信我,你没有错,错的是这些糟糕透顶的学校。"我记不清我还说了什么。但是有一点是确定的,在我演讲完,杰克给了我一个拥抱。当然,我最后没有拿到任何酬劳。

〜

正常，即使是新事物，也总取决于某件事或某个人是否正常。内在和外在一定是双生的。对我来说，大学毕业后，我的感觉就跟很多人一样，学校外面都是一些有着显著认知和身体差异的人，很长一段时间，我都认为自己和那些人不同。我的差异是由社会建构的，由于对学习和正常人脑定义的认知是受限和错误的，才导致差异变成了残疾。这些人，不管他们所处环境如何，本质上都是大脑受损、身体残疾。

我并不是唯一一个持这种狭隘又偏执观念的人。基于同样的理由，许多身处学习差异社群中的人都会刻意地与广泛意义上的残疾人群保持距离。你若想从钟形曲线底部往顶部爬，势必要踩在下边人的身上。若有人站在了正常人一边，势必就要有人站在对立面。

那年旅途中，我遇到了一个叫亨利（Henry）的孩子，他就是一个站在对立面的人。我是在科罗拉多州丹佛市的皮克家长中心的包容性教育年度峰会上见到他的。这是我第一次进行主题演讲，开会地点是在一个舞厅，里面有讲台、麦克风和舞台灯光，还有1000多名观众。我从来没想过成为一名专业的演讲家。只要有人邀请我演讲，我就去做，并尽力做好，也学会了不在孩子们面前骂人。不过相比在家长会结束后一直在灯光明亮的自助餐厅里给12个孩子做演讲，在峰会上演讲确实是个飞跃，但这并不意味着，我做好了十足的准备。我当时并不喜欢做太多的准备工作，所以相当于做了一个即兴演讲。我对这场峰会知之甚少，也并没有花时间去详细了解。我单纯地认为这只是为那些在学习和注意力上有问题的孩子的老师、家长准备的。

峰会的执行董事巴布（Barb）和她的儿子亨利想在酒店见见我，她说我和她儿子有很多共同点。亨利与我有相同的经历：和我一样克服重重困难上大学，在本地大学中与人共同教授一门教育相关课程。我抵达酒店时，门口没人，所以就去前台办理入住了。巴布认出了我，上前拍了拍我的肩。和她在一起的那个年轻人坐在一架电动的医院轮椅上。"很高兴见到您，"巴布说，"这位是我儿子，亨利。"

我环顾了一下酒店四周想看看巴布指的是谁，突然间意识到她说的就是旁边这位坐在轮椅上的年轻人。我看着亨利，除了一只眼睛，他全身都瘫痪了，他靠呼吸机呼吸，身上还插着各种各样的管子。他通过眨眼输出摩斯密码，然后由巴布翻译进行交流。这家伙和我可一点不像，巴布太异想天开了。"怎么了？"巴布见我一直盯着她，反问道："你一定从没见过哪个大学老师会用排便袋来解决大小便和眨眼交流吧?布朗大学究竟是所什么样的学校啊?!来吧,我带你四处转转。"

我和巴布、亨利一起待了两天。巴布总让我想起我的母亲,满嘴脏话、冷酷无情。她听到过太多和她儿子的经历相同的故事,我母亲也是如此。巴布与我分享了她的遭遇:没完没了的特殊教育"赤字"报告会,对儿子未来的不乐观,以及人们对他的差异的歧视。亨利也和我分享了他的经历,他的经历的确和我很相似,但也有一些不同的地方。他被嘲笑,被送到特殊教育学校,才华被忽视,价值观被质疑。因为不同,他常常感觉自己不是正常人。

在我参加会议期间,那些脱离"新常态"的人,为了证明自己的正常,分享了他们有关歧视、挣扎和痛苦的故事。这些都一一映射到了我自己的经历中。比利(Billy),一个患有抽动秽语综合征的孩子,在学校时被绑在椅子上;玛丽安娜(Mariana),一个坐在轮椅上的女孩,因为上班迟到被解雇,她的办公室是一个没有残疾人坡道的办公室;谢里(Sherry),患有唐氏综合征。像我们这样的一群人都曾被人告知,唯一的谋生之道就是卖汉堡。随着我遇到越来越多有差异的人,我发现我不能用"他们"这个词代称,而应该用"我们"。这不是自闭症,是欺凌;这不是行动迟缓,是羞辱。就像我在布朗大学做的自我总结，使这些人残疾的不是差异本身，而是别人对待差异的方式。

峰会以舞会收场，是在一个普通的公司舞厅举办的。天花板上悬挂着粉色的彩带，闪光灯照亮了每一个角落。舞会上每个人都打扮得漂漂亮亮的，一些人穿着正式的礼服，还有一个人身穿晚礼服，还有一些人则选择了西方万圣节游行的装扮。他们有坐轮椅的牛仔和女牛仔、带呼吸机的性感吸血鬼，还有一个我还在想办法弄明白是什么的有朗诵困难的驼背胖子。DJ是一个患有唐氏综合征的年轻女孩，她非常兴奋，就像摄入了咖啡因一样，深深地沉醉在这场派对中。

这是为我们这些受特殊教育的孩子准备的派对。

我和亨利站在房间后面，巴布不愿意参加庆祝活动。"想跳舞吗？"亨利问道。"不了，谢谢。"在DJ邀请所有人进入舞池尽情摇摆时，我回复道："我不太喜欢跳舞。"我撒谎了。实际上，我很喜欢跳舞，但中学时发生的一件事情，让我羞于在公众面前跳舞。七年级时，我最爱的一首歌就是瓦尼拉·艾斯（Vanilla Ice）的《冰宝贝》（*Ice Ice Baby*）。我不仅能背下所有歌词，还能精心编排一套舞蹈动作。好吧，精心编排这个词有一点点夸张。舞蹈动作是根据跑步的动作改编的：一拍快速奔跑，下一拍慢速奔跑，一拍侧向奔跑，下一拍再反向奔跑，合唱时急速后退。人生中,我只在公共场合跳过这一次舞,还遭到了狠狠的嘲笑,从那之后,跳舞成了我避而远之的一件事。

  我并未和亨利分享过这个故事,但不知何故他却好像知道我在想什么。"不要担心丢脸,"他眨着眼睛向我传递着这样的信息,"你不可能跳得比我们这些怪胎还奇怪。"我看向舞池,发现他说得对。《灵魂列车》(Soul Train)[1]可不是这样的,除非我错过了一集重要的内容:火车被丢弃,转搭短途公共汽车。在舞池,一个智力有缺陷的男孩像一只垂死的虫子;一群坐在轮椅上的人在跳康加舞;一个有多重障碍的男孩在我当初的舞步的基础上还增加了跑上跑下、扭来扭去的动作,看起来像只野兔,我不得不甘拜下风。我看向亨利和巴布,说道:"我想你是对的,差异在这里是正常的。"巴布笑着说:"在这里,差异仅仅是不同罢了。"

  亨利翻滚进入舞池中央,我紧随其后。你永远不知道你会从一个不能说话的人身上学到什么。我一直梦想着我可以成为正常人。我在小学时被确诊,在走出心理医生办公室的时候,心里就已经明白我不再是一个正常人,可不管怎样,我都想

---

[1] 《灵魂列车》是一档美国著名音乐舞蹈综艺节目,涵盖蓝调、朋克、爵士、迪斯科和福音等音乐风格及当时最流行的舞蹈风格。这里作者指他们跳得不好。

成为正常人。我一生的大部分时间都耗费在这件事上：将不正常的部分隐藏起来，与自己抗争，屈服于狭隘的正常，通过狭窄的空间来定义自己的价值。但是，和这些"怪胎"在一起，我动摇了，变得正常、幸福、有价值。这一切看起来似乎更好，但也许不是这样的。这群人不想成为正常人，也没有声称自己是正常人，正是如此，他们才可以自由自在地展示自己的差异，无拘无束地只做自己。最后，我鼓足勇气请DJ放了我想跳舞的歌。她播放后，我在舞池找了一个地方，原地跳着。我全身心地投入，哪也不去，也不会有人嘲笑。

～

巴布是对的。我们没有办法让差异正常化，因为正常根本就不存在。它一直是而且永远都只会是一个统计上的虚构。我很高兴能明白这一点，甚至那些"宣判正常"的"法官"也会同意我的看法。在前面提到的"诺玛"和"诺曼""崩溃"后，"宣判正常"的"法官"就退席了。他们意识到他们找不到真正的正常人，正常只能消失，不会再有正常，也不会再有把圆形木桩磨成方形的情况了。

开个玩笑。

"宣判正常"的"法官"从未放弃过他们的追求。在寻找"诺玛"和"诺曼"之后，他们继续用更复杂的工具和更严谨的科学来判定怎样才是一个正常人。他们发现了什么？

20世纪50年代，美国农业部应国家邮购协会的要求，基于"正常"身材，发布了有关服装尺寸的全行业标准。他们测量了1.5万多名女性的身材（当然都是白人），发现"普通女性"的身材尺寸在制定标准方面起到的作用相当有限。美国女性体型差异很大，以至于"普通女性"衣服的尺寸对她们而言都不合适。女性身材没有被正常化就是因为她们的体型都各不相同。

1990年，人类基因组计划启动，目的是确定典型的人类基因组。这就需要从生理和功能性的角度识别和绘制构成人类基因组的所有基因。然而，考虑到没有两个人的DNA是一样的这一事实，绘制人类基因组就涉及对少数个体的基因进行测序，然后将这些基因组合到一起，得到每个染色体的复合和镶嵌图。到2010年这个项目结束时，这些议案中发现的"正常"人类基因组实际上是抽象的聚合体，就如同"诺玛"和"诺曼"一样。结果正如科学作家马特·雷德利（Matt Ridley）所写："变异是人类或任何基因组的固有且不可或缺的一部分。"

2009年7月，奥巴马总统启动了人类连接体项目，这是一个由美国国立卫生研究院发起的为期5年的耗资5000万美元的项目。该项目的目标是建立一个有关正常健康人脑的"网络图"。迄今,一个大学联盟已经扫描了超过1200名21~35岁的"健康"人的大脑。这些扫描未能识别出健康大脑的任何常见、典型或正常结构。美国国立卫生研究院前项目主任汤姆·因塞尔(Tom Insel)曾说,正常健康的大脑之间存在很大的差异,"不能按照正常和不正常去分类"。

2011年,世界卫生组织对残疾、能力和典型功能进行了世界上大规模的研究。该研究表明世界上超过10亿人都有某种形式的残疾,另外2亿人随着年龄的增长,他们的典型功能会受到相当大的损害。另一项研究表明,40%的人出现过幻听,50%的人面临心理疾病,40%的人有学习障碍。由于衰老,50%的人会在生命中的某个时刻经历身体损伤。根据数据得出:我们的身体和思想的正常都只是暂时的。从数据上看,那些被称为心理和生理异常或残疾的状况对人类至关重要,因为那实际上就是人类的状况。

我很确信,你明白了这是个并不好笑的笑话。在人类历史上,每当有人尝试去寻找正常的人时,他们只能发现人类变异性和差异性的现实。将差异称为"正常"本身就是对现实的否定。我们不能扩展正常的周期和创造新常态，因为正常总是与差异息息相关。只有在人类差异的巨大连续体上画出一条分割线，将正常与异常、我们与他们、我们与现实中的我们分开，正常才会存在。

　　我比以往任何时候都更相信，我们必须拒绝将正常当作一个词、一个价值体系和一种生活方式。因为在21世纪的数字监控经济下，"正常"仍然让每个人都待在合适的地方。正如戴维·T.米切尔和沙伦·L.斯奈德所写的那样，在这种动态中，我们通过不断改善自己的缺陷来兜售自己的产品，这些缺陷被定义为偏离狭隘的健康规范的病态，创造了另一种可追逐的正常。这些新的规范使Fitbit[1]记录器能够追踪我们在寻求身体改善过程中不断变化的偏差，而像照片墙（Instagram）[2]这样精心策划的社交网络应用则创造了不可企及的形象和实践标准。相较于以往，现在的我们更是被数字包围着，它们可以变成算法告诉我们什么是正常，在告诉我们的过程中，把我们从差异推向了相同。这种相同也在不断地发生变化，最后成了一个永无止境的正常周期。在这场游戏中，我们的终点不是正常，而是一个永远无法到达的远方，但我们还要不停地前进，这期间

1　Fitbit是美国旧金山的一家新兴公司。2011年秋天，Fitbit公布了同名产品Fitbit记录器。

2　Instagram为一款图片分享应用。

它也在不停地后退,甚至会变得更远。

正常一直是少数有权势的人的代名词,他们将自己的特权视为世界上的事实,而不是靠自己的身体和思想来获得地位,真的是够了。

金赛曾写道:"正常和异常这两个概念不存在于科学思维中。"它们也不存在于你我的生活。差异是不正常的,它在现在和将来一直都是一个统计虚构的概念。差异是真实存在的,是基础,是事实。准确来说,它就是世界。

第八章

和解

　　一切都是自以为是的。一方面，亚里士多德学派主张进化，把一切事物分类。另一方面，我们又需对现实生活中传递的信息、飞逝的时光，以及生活中的琐碎事务表示敬意。

——玛吉·纳尔逊[1]（Maggie Nelson），
《阿尔戈纳一家》（*The Argonauts*）

　　如果想要一个更加丰富多彩的文化世界、更加能容纳冲突的价值观，我们必须认识到人类的全部潜力，因此需要编织一个不那么武断的社会结构，在那里每个人都可以找到适合自己的位置。

——玛格丽特·米德[2]（Margaret Mead），
《三个原始社会的性与性情》（*Sex and Temperament*）

1　玛吉·纳尔逊是一位打破流派界限、反对分类的美国作家。
2　玛格丽特·米德，美国人类学家，是美国现代人类学形成过程中重要的学者之一。

第八章 | 和解

我的孩子，一天晚上，我正在给你写这封信的时候，你让我拉钩向你保证，我会去见我父亲。我已经有5年没有见过他，并和他说过话了。我告诉过你，这并非拿起电话打给他这么简单。

"为什么？"你问我。

"我爸爸不正常。"我说。

"正常？"你挑了下眉头，提高音量，眼里闪烁着变化无常的那种冲动。"正常？我觉得正常糟糕透顶了，爸爸。"你高兴地说，"你就不能原谅他吗？无论是谁都会犯错的。"

我沉默了。

"你和我拉钩，跟我保证你这周会见见他的。"你要求道。

"我会给他发短信。"我回复道。

"不，要见面。"你很坚持。

"我会给他打电话的。"我退了一步。

"不，要见面。"你边说着边伸出了小指。

"也许吧。"我并没有给出承诺。

你转过身去，背对着我，面向卧室的墙壁。"想象一下，如果他死了,然后你去参加他的葬礼,而那时候他已经不能对你说什么了,你会怎么想?"我没有回答你是因为真相是残忍的:我的儿子啊,如何才能向你解释呢,难道我要告诉你,长期以来,我父亲生活得一团糟,对他的死我可能一点感觉都不会有。

我想告诉你的是,差异并不是可以随意被克服、包容、适应、治疗或规范的,它是人类存在的一个事实,值得称赞。它本身就是很有价值的。这很容易被辨别出来,不是吗?而且它可以成为一个很好的保险杠贴纸,但是,当你直言不讳地指出我父亲和他的差异时,往往这些看似容易说出的话反而是难开口的。

每个社会都曾挣扎着想要统一差异,可是都失败了。每个社会都在人类制造的混乱中挣扎。我开始相信,我们之所以否定这个事实,是因为还没有把自己的多样性、易犯错性和脆弱性视为构成人性的因素。每个人都会卷入这场痛苦中,我也不例外,因为最真实的东西有时反而是最难以让人相信的。

～

我希望自己能够这么说:真希望见到迈尔斯、亨利和杰克后,我能够学到我想知道的东西。20岁出头时,我一切都很好，但现在看来其实不是。我以为能够在全国各地旅行并讲述我的"成功"故事就已经足够了。和杰克在威斯康星州的那一次，远不是我最后一次听说我克服了障碍这件事。我曾经被介绍给一群学生，说我以前和他们一样，但现在很正常。我的故事经常被歪曲成一个"克服困难"的故事，我有时巩固它，有时抵制它。我曾经认为并希望自己拥有的成功就是获得常春藤盟校学位证书、完成写作、获得奖项，这些当初向往的东西，现在却不再向往了。

我现在知道，在那一刻，实际上我已经知道正常是条死胡同，但还没找到办法取而代之。我花了很长时间尝试证明那"宣判正常"的"法官"是错的，但这样做在他们看来证实了他们对我及对我们的指控是对的，我真的受够了。

在这段时间里，我读到了一篇名为《逃离羞耻》（*Escape from Shame*）的美文，作者是一位叫塔米·S.汤普森（Tammy S. Thompson）的残疾人维权人士。塔米早产了3个月，重约2.5斤。她虽然得救了，但因为视网膜损伤而成了盲人。上大学时，她被诊断患有脑积水，即脑脊液在大脑中积聚过多。这差点要了她的命。

她的残疾经历与我的截然不同，但当我读到她的文章时，我惊讶地发现，我们对这种不正常的情感反应是如此相似。她说:"多年来,我一直在努力,通过疯狂地堆砌成就来消除自己对残疾的心理障碍,希望有一天我能找到最终的神奇成就,来让我摆脱残疾的罪孽。孤独和对成功的渴望一直是我生活的主线,激发我无数次尝试逃离痛苦。我想,如果我足够成功,就能摆脱那种被困在肠子里颤抖的感觉。"

读了她的话后,我第一次意识到,我也曾试图通过积累成就来消除自己的差异,希冀着如果有一天我取得更大的成功,那就不会比任何人差。这种信念像细线一样把支离破碎的我缝补好,可这根细线时常磨损,导致我又开始"分崩离析"了。我感觉我自己消失在了房间的某个角落里,仍然不知道自己是否有未来,是否能够在这个世界上有立足之地。我觉得自己在演讲后喝醉了,孤零零地躺在离家很远的酒店床上,好几天都没办法下床。

2001年秋天的一个晚上,我在纽约市西村的一家酒吧遇到了一位来自洛约拉马利蒙特大学的老朋友。我记得他跟我说的最后一件事是,那时我的变化很大。他跟我说,我是怎样的不同,怎样的成功,然后就没有然后了。第二天早晨醒来,回到公寓,我衣服上还染着血迹。那天晚上我没能控制住自己,喝了太多的酒,但这也只是埋藏在更深处的一种症状罢了。我曾经试图用成功和正常化成的线缝合自己的伤口,但现在伤口仍在不停流血。我知道是时候寻求别人的帮助了。

于是我又开始看心理医生了。医生叫亚历克斯（Alex），我之所以选他，是因为他收集了大量的非洲图腾，当然还有他那令人记忆深刻的胡子。不同于我在洛约拉马利蒙特大学的治疗师苏珊，亚历克斯是按规矩来的。我可以用一只手数清我们第一次见面时他说过的话。他掌握了精湛的点头技巧。我告诉他许多我在生活中听到的事。起初，我以为他经常在我们的谈话过程中睡着，事实上，我只是被他那精湛的点头技巧，还有那恰到好处的"告诉我更多事情"愚弄了。

有一次，亚历克斯问我在学校的经历，他的回答对我帮助很大，他还在适当的时机告诉了我更多事情。我讲完后，他沉默了很久，还闭上了眼睛，我心想，我终于抓到你睡觉的时候了，你个混蛋！我俯身向前，正准备在他脸旁打个响指时，他突然睁开眼睛说："你有没有想过正是因为这些不同，你才是一个有价值的人？"

"你有没有想过正是因为这些不同，你才是一个有价值的人？"这句话里的每一个字都花费了我足足50美元（按2021年汇率，1美元≈人民币6元），但是太值了。从那一刻起，我意识到了我的朗诵困难是由于狭窄的学习环境导致的，而那时我还没有宣称我的差异是有价值的。这让我有点飘飘然。我知道了关于残疾的社会模型中蕴涵着力量，不过它并没有给我创造一个空间，只是让我把差异作为价值中立的东西来看待。我在布朗大学了解到的社会模型中，这些缺陷被转变成了残疾。但如果我的大脑方面的差异不止这些呢？就像亚历克斯说的那样，如果这些差异除能够造成缺陷和挑战外，在某些我不知道的方面还有价值呢？

我曾偷偷地回到布朗大学。戴维和我试图让自己相信，学习和注意力的差异有好处。因此，我们又读了一篇关于我们的障碍和问题的研究。每个研究大脑差异带来的优势的资助项目，都至少有十个其他研究，通常是由制药公司资助的。这些研究秉承了大脑差异是一种紊乱的观点，自那时起这个观点就没有被改变过。

大学毕业后，我也曾公开表示，有必要将学习障碍重新定义为有价值的差异，但却遭到了专业人士的指责，有时还遭到了负责学习障碍和注意缺陷多动障碍方面的社区人员的指责，因为他们认为要尽量减少这些非"真正"的残疾。人们仍然认为残疾和差异是有价值的，这是一种认知失调，而这种失调是更大的正常化系统中的一部分。有差异的人可以在学校里得到服务，他们的困难能得到承认，但前提是他们愿意将自己病态化，强调自己的问题，淡化自己的优势，并声称差异是缺陷。

第八章 | 和解

然而,当大学毕业后周游全国时,无论走到哪里,我都看到越来越多关于不同大脑和身体的价值的逸事证据。我遇到过不能读书但会画画的孩子,不会写字但说话好听的孩子,不能静坐但努力上进的孩子,以及不能专注但有梦想有创造力的孩子。在每个州每个镇上,那些孩子都会送我漫画或自己画的画,会给我讲笑话,和我分享他们赢得全国竞赛的科学项目和实验的消息。我曾遇到过的家长、老师和专家们会把我拉到一边,低声向我叙说这些有差异的孩子的天赋、才能和优点。像内德·哈洛韦尔[1](Ned Hallowell)、奥利弗·萨克斯[2](Oliver Sacks)、坦普尔·格兰丁[3](Temple Grandin)和一些新兴运动的领导人、心理学家、教育家和神经科学家,他们坚信并支持差异是有价值的说法。

那年,我也开始理解了我自己差异的内在价值。在其中一次演讲结束后,一个小孩问我是做什么的。我告诉他,我没有真正意义上的工作,打算申请法学院,将来做一名律师。"那太糟糕了。你需要读很多东西,你应该继续演讲,这毕竟是你擅长的。我爸爸就是一个律师,但他简直太糟糕了。"那孩子说得很对,我擅长演讲。这听起来很老套,但我以前从未意识到这

---

[1] 内德·哈洛韦尔是一位专门研究注意缺陷多动障碍的美国精神病学家。
[2] 奥利弗·萨克斯是一位英国神经学家、博物学家、科学历史学家和作家。
[3] 坦普尔·格兰丁是畜牧业动物行为方面的顾问。

一点。我总是被人告知要么话太多，要么太大声，或者有人直接要我保持安静。在学校里，我的演讲能力并不被重视，也没有人认为我有天赋做这件事，我得到最多的是劝阻、解雇和惩罚。但在这里，我甚至会被要求多讲一些。

虽然我觉得我应该做很多可以让其他人（比如我爸爸）开心的事情，用传统意义上的成功证明他们都是错的，如果其中有一件事情我必须做，那就是说话。我想通过我的演讲来支持变革。那一年，我决定把这种方式的演讲作为我生活的全部。我擅长演讲不是因为我有诵读困难，而仅仅是因为我擅长而已。

然而，在我一生的大部分时间里，我只有一些逸事可以用来证明大脑紊乱其实是有它在这个世界上存在的价值的。我们有关于患有学习障碍的艺术家、患有注意缺陷多动障碍的创业者、患有自闭症的程序员和其他许多患有疾病的成功人士的故事。但因为这些人的不正常，这些故事往往都被淹没在大量基于缺陷的研究下，人们还批评这是那些有妄想症的母亲一厢情愿的想法，或者是谴责这些人不承认自己"有问题"和不负责任的专业人士。事实证明，这些父母并没有妄想，老师们并非不谙世事，激进派的专家学者们并非不专业，这些人对于大脑差异有价值这件事情的看法是对的。这正如两本重要的书——托马斯·阿姆斯特朗[1]（Thomas Armstrong）的《神经多样性》（*Neurodiversity*）和医学博士盖尔·萨尔茨[2]（Gail Saltz）的《差异的力量》（*The Power of Different*）所记载的，在过去15年里，越来越多的跨学科研究者已经证明了大脑差异具有连续性，也证实了这些差异是表现人类神经多样性的一种重要形式。

这项研究很复杂，挑战了有关自闭症的主流文化和科学观点。20世纪90年代末，澳大利亚自闭症谱系社会科学家朱迪·辛格（Judy Singer）在她的社会学荣誉论文中创造了"神经多样性"这个术语。后来，有关神经多样性的想法被一位叫吉姆·辛克莱（Jim Sinclair）的自闭症倡导者广泛分享，他是国际在线孤独症社区早期主要的组织者。吉姆直到12岁才学会说话，在1993年的一次名为《不要为我们悲伤》（*Don't Mourn for Us*）的演讲中，他是第一个公开挑战病理学模型的人。在演讲中他很有条理地指出："自闭症背后没有隐藏着正常的孩子。自闭症是一种存在方式。"

这项研究最终从吉姆和其他人组织的运动中发现，自闭症不仅仅是一种存在方式，还可以为世界增加价值。自闭症患者在模式识别、系统性和细节方面有明显的优势。据阿姆斯特朗

---

[1] 托马斯·阿姆斯特朗是美国著名的学习问题专家。
[2] 盖尔·萨尔茨是美国精神病学家、精神分析学家、专栏作家和电视评论员。

和萨尔茨报道,在随机同行评审的研究中,自闭症患者在速度倍增、质数识别、日历计算、透视图绘制、事实记忆和区块设计测验方面优于典型的神经对照组。

这些认知直接催化了一项叫"超系统化"的研究。正如玛丽·安·温特-梅西耶斯在她的论文《从狼蛛到马桶刷》(*From Tarantulas to Toilet Brushes*)中所写的那样,90%患自闭症的孩子对各种事物都有着特殊的兴趣,比如油炸锅、泰坦尼克号的游客名单、腰围、西部列车的制服、隆美尔沙漠战争、纸袋、光明与黑暗、马桶刷、地球仪和地图、黄色铅笔、描绘火车的油画、照片打印机、二战螺旋桨飓风战斗机、工业风扇、电梯、灰尘和鞋子。

国王学院的一位研究人员认为,这种"超系统化"是用来解释自闭症非社会性特征的一种方式:兴趣狭隘、行为反复、抗拒改变和维持原样的需求。虽然这种系统化倾向会给我们带来很大的挑战,但也有现实世界的优势,如盖尔·萨尔茨在《差异的力量》一书中所写的那样。斯坦福大学的研究人员在《生物精神病学》(*Biological Psychiatry*)杂志上发表的一项研究表明,患有孤独症谱系障碍(ASD)的儿童解决数学问题的能力比正常儿童更强。孤独症患者的父亲和祖父在数学相关领域工作的可能性是正常人的两倍。患有自闭症的丹尼尔·塔曼特（Daniel Tammet）于2004年创造了一项欧洲记录，在5小时9分钟内背到了圆周率的第22514位数字，当时他25岁。他懂英语、芬兰语、法语、德语、立陶宛语、世界语、西班牙语、罗马尼亚语和威尔士语，并在一周内学会了冰岛语。

2013年，德国计算机软件巨头思爱普公司（SAP）寻求来自"边缘化"的创新，发起了一项针对软件测试人员的招聘活动，而且专门限定招聘人员需是自闭症患者。思爱普公司最近的一个案例研究发现，在他们这项"自闭症患者工作计划"的支持下，孤独症谱系障碍的患者们研发出了一种技术修复方案，预计能为公司节省4000万美元。

不仅仅是自闭症群体从有关大脑差异的新研究中受益，早在20世纪80年代，一些父母和一小群专家们就已经对医学缺陷模型提出了疑问。这是一种主张建立学习和注意力多样化的模型，这项模型被应用到像我这样的大脑中，那么进行得如何了呢？还记得我小学到大学的档案吗？上边没有一个积极看待我大脑差异的记录。然而，正如盖尔·萨尔茨博士在其著作《差异的力量》中所记载的那样，神经多样性领域中越来越多的证据表明，变异性不仅广泛存在于人脑中，还能给大脑特定区域，如阅读和执行功能区造成一定的困难；当然除了带来困难，它们也会增强某些区域的能力。

1997年，心智研究所对患有语言学习障碍的人进行了第一次脑部扫描，这项工作一直持续到了今天。研究人员一直在寻找导致学习障碍的大脑缺陷。一些研究发现，特别是对那些存在语言障碍的个体来说，他们用于阅读和处理语言的大脑左半球有缺陷。研究还发现有学习障碍的人的大脑右半球更大，而人类大脑右半球主要负责的是各种视觉和空间任务。通过后续大量的大脑扫描工作，以上结果已被耶鲁大学和一些其他研究证实了。我不知道这个发现为什么在当时被忽略了，但能想象到"赤字"或者障碍导向（和资金来源）模型是如何解释这些发现的。即假设你是一把锤子，那么你遇到的每个问题都是钉子。

来自世界各地多个机构的神经多样性研究人员发现，有学习障碍的人有一种所谓的"整体感知"，意思是他们有着能够在寻常环境中看到大局的能力。他们的周边视觉范围更广，视觉空间能力高于平均水平，解读能力更强，他们在吸引空间注意力的同时，还能够与听觉环境相互作用。这使得他们能够识别出一些常人看不到的模式。因此，与普通人群相比，有学习差异的学生进入精英艺术项目的比例要高得多，超过35%的企业家有某种形式的语言学习差异。

那么注意力差异是什么样的呢？基于在神经多样性和创

造力这两方面的研究,"评判正常"的"法官"开始将"注意缺陷障碍"(ADD)重新命名为"艺术缺陷障碍"。他们对世界上的会计师进行诊断,原因在于注意力差异与创造力和独创性有关。美国国家心理健康研究所委托的一项为期10年的研究显示,患有注意缺陷多动障碍的人的额叶要比对照组的小3%~4%。在科学界,人们戏谑地将大脑的这个区域描述为"我的车钥匙在哪里?我为什么还没交税?"这块区域出现问题会导致神经系统出现一些问题,外在表现为冲动、多动、注意力分散和自我调节能力差。

然而,这些类似的"缺陷"同样也是有关创造力和解决复杂问题能力的认知特征。乔治亚大学的托伦斯创造力研究和人才开发中心的主任博尼·格拉蒙(Bonnie Cramond)发现,患有注意缺陷多动障碍的人的大脑结构和性情与被认为具有创造力的人之间存在很强的相关性。根据《心理学前沿》(*Frontiers in Psychology*)的一篇文章,冲动、多动和创造力都是联系在一起的。有创造力的人容易冲动,倾向于按照自己的想法行事,而不听命令。许多患有注意缺陷障碍的人被认为是注意力不集中的白日梦者,但是根据伯克利的一项研究,做白日梦与解决复杂问题两者之间是有联系的。总的来说就是,患有注意缺陷障碍的人与没患注意缺陷障碍的人相比,有更高的创造性思维水平。

最后,神经多样性科学针对什么是心理健康紊乱提出了一个更复杂、更微妙、更积极的观点。抑郁、焦虑、双相障碍,甚至是精神分裂症都被认为与有利、积极的认知特征有关。这些研究并没有以任何方式忽视或否定那些患有大脑相关疾病的人所遭遇的痛苦和挑战,但确实提供了一个更深入的观点:人类已经被病态化。

正如盖尔·萨尔茨所写的,多项研究表明,那些高度焦虑的人比起正常人能更准确地感知他人的情绪变化,更好地预测结果,更加关注细节,在工作中表现更好。事实上,人们的高度焦虑程度与智力水平呈正相关。这意味着,焦虑程度和智商水平是共同发展的。基因研究表明,人类的智力水平可能会随着焦虑的增加而提高,这意味着我可以雇用一些患有焦虑症的会计师或律师,而不是普通人。

大量研究发现各种类型的抑郁症都与高于平均水平的智商和创造力相伴,双向情感障碍也与各种形式的创造力和艺术气质相关。爱荷华大学的神经科学家和神经精神病学家南希·安德烈亚森(Nancy Andreasen)对著名的爱荷华作家研讨会的作家们进行了长达10年的研究,结果显示80%的作家都患有某种精神疾病,而对照组中只有30%。

即使是精神分裂症的遗传倾向也与创造力和成就有关,许多人明确地认为这是一种没有优势的紊乱。正如阿姆斯特朗所写:"对冰岛总人口进行调查的一项研究显示,那些在班级学术科目中,尤其是数学名列前茅的或是有更多创造力的学生,他们的直系亲属比那些不太成功或缺乏创造力的人更有可能患有精神病。"

总的来说,对神经多样化的研究谴责了幻想同一性的人群以及正常化系统,这一系统对像我们这样的许多人来说都是一场噩梦。研究表明,大脑差异不仅仅与思维模式和认知技能相关,还能直接增强其影响力。比如说创造力、解决问题的能力、智力与创新能力,以上这些都可能推动人类进步。正如新闻记者哈维·布卢姆(Harvey Blume)在《大西洋月刊》(*The Atlantic*)的一篇文章中所写:"神经多样性之于人类就如同生物多样性之于生命那样重要。"

很久以前,在热带草原的某个地方,有两组史前人类。在一组史前人类中:一个成员喜怒无常、孤僻、多愁善感,但是会画画。一个成员极度活跃,坦白来讲就是坐不住,总是弄丢洞穴的"钥匙",晚餐时来回走动,从来不能安静地坐着,不过他可以打猎。一个成员有反社会倾向,从不与人进行眼神交流,但正如动物学家坦普尔·格兰丁所说,在其他人围着篝火闲聊时,她却可以发现将石头制成矛的办法。还有一个成员总是很紧张，无法入睡，要求所有人按时完成任务，同时将不能吃的浆果都筛选出来。最后一个人比其他人都好，可以讲话，能够与其他部落协商沟通，还能讲最好的故事。但是，另一个群体的史前人类都是一样的。你认为哪一组幸存了下来？答案是像我们这样有差异的那一组。

有一个很重要的点就是这些发现和成就都只占差异总价值的一小部分，所列举的都不完整。如果我们只留下这不完整的部分，它就只能屈服于那些"评判正常"的"法官"了。将某种形式的差异视为有价值的，因为这种差异与积极的结果相关，这训练了我们从实际出发来证明这些差异的价值。这意味着我们认为它们是有价值的，因为它们赋予我们一些异常的特殊能力。只有通过唤醒新的看似不可思议的能力来弥补偏离正常的逻辑时，这种逻辑才有价值。不正常的人通过展现某种特殊的能力来克服异常，成为"双倍正常"的人。正常的范畴变大了，但正如之前所说，如果存在范畴内的正常人，就必须存在与之形成对比的范畴外的非正常人。在我的成功案例中，我很注重差异，因此排除了很多人，我也因此得以捡漏进入正常的范畴。

大学毕业后，我遇到了很多与我截然不同的有差异的人，比如说唐氏综合征患者、非语言性自闭症患者、脑瘫患者、聋哑人、盲人和其他有差异的人，他们都不适合我建立的成功模型，因此我也开始明白我评价差异时的不足。这些人不是成功的艺术家、企业家、创新者，也不是乞求进入正常圈子的人。相反，他们坚守着自己的价值观，没有做出任何解释。这不是因为他们会画画，能开玩笑，能去布朗大学，而是因为他们就是他们。

在开始看心理医生亚历克斯之后的某个时候，我坐在飞往某个地方的飞机上，重读《被拒绝的身体》，这本书是我在布朗买的。书中一些段落旁边有我之前标记的问号。我读了一遍，然后又读了一遍，它写道：

"残疾人经历过了正常人所没经历过的残疾，也有着正常人无法直接获得的知识来源。"

然后我读了另一段：

"将残疾视为差异意味着什么呢？这意味着人们在寻求和尊重残疾人的知识观念；这意味着他们愿意尊重那些不熟悉的

生存方式和意识形态。"

我被这段话惊呆了。我知道亨利和我遇到的其他很多人不适合我建立的层级。把他们排除在外后,我重新确立了一种狭隘的观点,那就是人类是有价值的,这样一来,我只会衡量自己符合标准部分的价值。我曾经认为,如果我想成为一个正常人,那就意味着我要抛弃自我的一部分,转而拥抱我没有的部分。但事实情况是,无论是通过收集金色星星证明"他们"是错的,还是做得比正常人或是特殊教育班里的人更好,也许都不能将支离破碎的我变得完好无缺。也许,一直被我贬低的大脑和身体能够教会我,教会我们所有人一些道理吧。也许这些乘坐短途公交的乘客,会在某一刻被告知生活是不值得的,这一切的一切都能够教会我如何更好地生活。我决定去弄明白这个问题。

2003年3月15日,我用从演讲会收入里省下来的一点钱买了一辆小型校车,就是那种接送特殊教育孩子上下学的校车。我给我爸爸打电话,告诉他我不会去上法学院或者其他研究生学院。相反,我计划开着校车,去倾听和了解那些非正常人的生活经历。6月份,我从纽约飞到了洛杉矶去办校车的交接手续。我旅行了6个月,开车约72420千米,访问了48个州,一直在采访大脑和身体有差异的人。

2003年10月,我结束了我的短途巴士之旅,但是学习之旅仍未结束。多年来,我一直支持大脑和身体有差异的人,也开始相信如沙伦·L.斯奈德和戴维·T.米切尔所写的那些不同于正常人的生活经历使他们的存在更具创新性,他们不仅仅是没有价值的社会结构,或是遭受压迫的受害者。

这些生命之所以有价值,不是因为他们克服了异常,不是因为他们拥有的补偿能力,不是因为他们接近正常状态,而是因为他们挑战了那些被当做性格、自我价值和人类尊严的先决条件的正常状态。他们证明了人类没有单一的生存方式。他们之所以有价值,是因为他们能教会我们人生的意义,以及如何生活,而不是生活该是什么样的。

写这本书的时候,我已经41岁了。我的短途旅行发生在很多年前,但是我从"那些人"身上学到了很多东西,比在生命中任何其他时候学到的都多。我一直在自己的身体和能力上寻求庇护,因为我的思想给不了我安全感,即使现在,我也羞于承认,我害怕自己有一天失败后会被大家抛弃,不受重视。

每天早晨,我总觉得自己的身体像透支了一样,只有坚持锻炼和研究人造头发修复才能让我振奋。我一次次梦到有关照片墙和健康、医疗、娱乐行业的内容,这些在不断提醒我身上的异常。我想也许我应该做文身或冷冻溶脂,或者找一个更好的办法,在做冷冻溶脂的地方文身。每当这时候,我就会去回想我从那些认识的有缺陷的人身上学到的东西。

我从一个叫比尔的男人身上知道了我们对人存在的原因的认知是大错特错的。比尔是一个身体有很多缺陷的人。2009年,他在阿拉斯加费尔班克斯机场接到我,一路上就凭"一张嘴"来到了约800千米外的安克雷奇,途中还经历了该州历史上大规模的野火之一。这次旅行结束后,比尔说:"笛卡儿(Descartes)搞错了,我觉得我的存在就像个笑话。我们的身体和精神都是脆弱的,我们易犯错且多变,人类本身就是如此。"

比尔说得对,我们怎么会弄错对人的认知呢。差异和残疾不是人类生活规则的例外,而且恰恰体现和继承了人性。

从患有唐氏综合征的女孩玛丽身上,我也学到了很多。当我问她在学校需要别人帮助时是什么感觉,她说:"傻子乔纳森,你不知道人都需要他人帮助吗?"我们彼此不是独立存在,反而是相互依存的。我们不是那些神话中的在社会契约中保持独立的生物,我们需要依赖多样的、脆弱的身体和思想。正如托宾·西贝斯所写:"我们依赖他人生存。"相互关心是所有人的必需品,依赖他人是我们成为人类的原因。

我还学到了许多其他事情,比如手能说话、听就是读、说就是写,还有智商和能力不是一回事等。我知道了智商不是单

第八章｜和解

一而是多样的，它比我们所相信的更陌生、更奇妙。我知道，每次我们问自己一个人有多聪明，而不是问让他如此聪明的原因时，都是一种罪过。

我明白了，我们所有人的身体和思想所拥有的能力都是暂时的，我们每天都在正常和残疾间来回切换，迟早都会偏离钟形曲线的中心。我们的身体、思想和生活都在发生变化，围绕着我们所谓正常事物的目标也会发生变化。如果我们认为自己曾经拥有了它，那将会失去正常。我们的生活需要一种新的伦理道德和政治哲学做指导，我们需要一种新的生活方式和社会制度。对所有人来说，正常只是暂时的，我们只是短暂地接近钟形曲线的中心而已。

我从亨利-雅克·斯蒂克那里了解到，我们对同类的爱导致了一个为同类而建的世界。空间和时间、社会角色、交流方式，所有这些都是以牺牲和排斥异己为代价围绕正常而设计的。我们必须改变它，不仅仅是为了那些差异人群，也是为了全人类。

我了解到，残疾人权利运动提出了所有公正的社会都逃不开的一个基本问题：如果我们打碎现存的同一梦境，去接受差异性现实，那么会建立一个怎样的世界呢？这是一场针对所有形式政治的运动，为了所有受害者，期望为所有有差异的人争取到权利。这场运动的中心人群就是那些因为差异而被非人化、贬低化和边缘化的人，他们有着与常人不同的身体和思想。

但我们的覆盖人群范围其实更广。这场运动，正如罗伯特·麦克鲁尔（Robert McRuer）所写的有关性少数群体运动的描述，它既是一场权利运动，也是一场激进的解放运动，我们将其称为"体制的虚张声势"，它需要的不是承认，而是革命。人类经验的脆弱性和易错性应当成为人权的基础。

我明白了正常和能力其实都是对你、对我、对我们所有人价值的误判。只有当我们的生活、看到的事物和爱都被限定在特定范围内时，我们才能够摆脱被分类的命运。我知道只有当我们能够将珍惜彼此、关心彼此、爱护彼此当作本能而非义务时，我们才能从同一化这个噩梦中清醒过来。我知道如果我们可以爱一个人本来的面目而非他应该有的样子，那就意味着我们已经从同一化的梦中醒来了，但即使现在，我和我们中的很多人仍然在梦中。

我爸爸从来没有给我打过电话。当我去上大学时，他给我寄来了"信"，里面有各种他认为我会感兴趣的主题的剪报，涉及道奇队、天使队和我以前的足球队的事，政治专栏，劳工政治的最新消息，布朗大学的新闻，等等。有时候他会用圆圈、下划线和荧光笔标记一些单词、短语或句子；或者如果他情绪波动了,就会画些箭头、笑脸、哭脸或发怒的表情来表达心情。他在每年我生日的时候给我寄的信里,从没使用过文字,无一例外。

3月19号,不出意外,我收到了一封信,信中有各种标满下划线和用荧光笔标记的剪报,不过还有一张纸条,上面一如既往写着:"仍然是我生命中最美好的一天。"我已经5年没有收到我爸爸的信了,最后在我41岁生日那天,他给我发了一条短信,里面有一串这样的表情符号:⚽😎🎆🎂。

里面依旧写道:"仍然是我生命中最美好的一天。"

我没有回复他。

6个月后,他在发给我 🎆⚡❤ 后,问我:"要不要找时间一起吃顿午饭?"

我和我爸爸约在了比尔叔叔家,当时他家里没人。我想这会是个吃午饭以及聊天的好时光。说些什么好呢?我也没有头绪。我们已经有5年没说过话了,这么长时间足以让我们无话可说。要么是问一些像"嘿,你好吗?天气不错,是吧?"之类的话,要么是"你为什么变成现在这样?"之类的,或者两种情况都有。

我的爸爸开着一辆黑色本田雅阁车,车上满是油漆划痕,保险杠也坑坑洼洼的,我爸爸总是把车撞坏。他把车停在房子前面,并没有摇下车窗,相反他继续隔着车窗询问有关停车场的问题,就像在表演哑剧。当然,如果他摇下车窗直接问我把车停在哪里的话会更有效率。但我爸爸总是不遗余力地避免和其他人说话。是的,我在后边做着手势——停在那儿,指着房子对面一条窄街道。他也不开口询问,就直接指着街对面。那边?我用手势表示,是的。"那里?"他终于问出来了。是的,我点点头。过了几分钟,他终于把车开到了街道尽头,转了20个弯,倒车,因为他前边没车,就选择了一个完全没必要的平行停车位。倒车过程中,他撞到了他后边的车,向前移了下,向后推了些,又向前移了下,又向后推了些,就这么反复了好几次,最终把车停在了他一开始在的地方。

  我对我爸爸其实没有太多完整的记忆,这在一个有着爱酗酒的爸爸的孩子的身上是很常见的。我所拥有的那些回忆就像电影中的画面,没有顺序,没有故事背景,没有故事情节,就那样被遗留在了剪纸室的地板上。我手里仅有1张他的照片,因为家人很少会给我们拍照,也没有家庭录影,这张照片是我记忆中他最好看的时候拍的。这张照片里,我不到2岁,正坐在他的腿上。我想当时我们可能是在迪士尼乐园。我穿着一件白色背心,上面有红色条纹,头发的颜色是万圣节那种橙色,稻草般的头发被剪成了一个碗的样子。我爸爸头发乌黑浓密、方下巴,有爱尔兰土豆般的鼻子和毛毛虫一样的眉毛。他穿着一件很酷的西式衬衫，抱着我。

我爸爸下车的第一句话就是："现在是11点59分，我来早了。"我爸爸喜欢早到，从小就教育我说："如果不早到，就是迟到。"我讨厌这样，因为早到就是早到，准时就是准时，迟到就是迟到，这没有什么好多说的。他现在的头发已经变成灰色的了，他比我上次见到的时候至少矮了8厘米，从中间脊柱开始就弯腰驼背了，就像吞下了一个保龄球。他穿着水洗的李牌牛仔裤，具有赫尔曼·蒙斯特风格的黑色的鞋，一件棕色衬衫，上面还有食物留下的污渍。这些污渍很眼熟，我马上回想起了当初他开车送我去参加足球训练时，正喝着一罐浦氏扁豆汤，棕色的汤汁顺着他的下巴滴落到他的衬衫上。

一看到爸爸，我就喉咙发紧、胸口憋闷，像一条被抛到陆地上的鱼，不停收紧、放松颈部肌肉，挣扎着呼吸。我的眼睛发痒，我急忙看向天空，试图像十几岁时那样把眼泪憋回去，尽可能长时间地把它们禁锢在头部，不让它们涌出来。

我看到爸爸带着他的狗罗斯科（Roscoe）来了。这一点也不奇怪。因为他的情感生活大多围绕着狗。事实上，我爸爸最后一次戒毒时，是罗斯科救了他。13年前，我住在纽约而他住在加利福尼亚。不知什么原因，我爸爸似乎决定酗酒而死。他在乔氏超市连锁店买了10箱恰克牌葡萄酒，把自己锁在房间里，不吃东西，也不出房间，就这么过了一星期。一天晚上，（出人意料地）还没有和我爸爸离婚的妈妈发现他躺在公寓地板上，急忙给医护人员打了电话。

他在救护车上苏醒了，然后住进了急诊室。我爸爸在那里并没有得到很好的照料。不知怎的，他离开了医院，走时仍穿着睡衣，那时他在戒毒，还产生了幻觉。他以为自己中了彩票，还臆想一群偷狗的人偷了罗斯科，并且向他勒索赎金。那天晚些时候，人们在圣莫尼卡的威尔夏大道上发现了他，当时他正在寻找罗斯科和那张中奖的彩票。在经过适当的住院医疗后，我爸爸加入了一个康复项目。后来他告诉我，失去罗斯科的恐惧帮助他清醒了过来。说句公道话，现在，过去长时间酗酒的爸爸，已经戒酒10多年了，我敢肯定，罗斯科是他在那段时间里唯一的朋友。

5年后那次见面，我爸爸对我说的第二句话是："我得先遛遛罗斯科。"我对这个要求一点儿也不意外。遛狗对我们来说比吃午饭更合适。每次我爸爸被炒鱿鱼或者国税局打电话来，抑或是钱花光了的时候，我们都会去遛狗。"谢谢您能来这儿。"我边走边说。"当然。"他回复道。在几分钟尴尬的沉默后，我继续问道："所以你现在在做什么？"我知道这个问题很适合拿来问他，就像我猜测的那样，只有谈到他的工作时，他

第八章 | 和解

整个人才会一下精神起来。我爸爸一直对他的律师工作充满了热情。他上法学院是为了赚钱,因为他妈妈告诉他应该这么做。他在旧金山找了一份公司法务的工作,但辞职了,用他自己的话说,他想要利用法律让世界变得更美好。散步过程中,他告诉我他正在做一个项目,目的是帮助洛杉矶的那些移民家庭。当他谈到美国移民与海关执法局、避难所合法性、移民政策时,他的神态和刚下车时的完全不同,就像变了个人。

我们继续走着。他说着,我听着。最后我不得不问他:"你去哪儿了?你为什么消失不见了?"他没有回答我。问这个问题时我并没有生气,只是为过去那些事情感到伤心罢了。我知道他有很多优点,但我们不能忽视他的差异,因为正是这些差异成就了他。我知道现在他身上圆滑的部分都曾经是他的棱角,那些参差不齐的部分对他来说是种耻辱,他的确受到了伤害。我们停了下来,我爸爸看了我一眼,然后俯下身去看罗斯科,它正气喘吁吁,挣扎着呼吸。我爸爸抚摸了下罗斯科的背,抱着它的脖子,对着它说了些我听不见的话,然后我就看到他哭了。"我不知道,"他最终说道,"我想如果你在字典里查一下'不可调和的差异',就能发现一张我的照片。我真的很抱歉。"

当我还是个孩子的时候,总觉得我爸爸以我为耻。可是我错了,实际上,他是以他自己为耻。我很可能有像我爸爸一样的结局,因为我们两人在很多方面都很像,但我没有成为他那样的人。更重要的是,他不是我想要的爸爸,但我确实需要他。当学校出现问题时,他为了当我的足球教练,差点放弃律师工作。每周六,他都会带我去看我们本负担不起的棒球比赛,早早赶到那里去抓飞出来的球(尽管我们从来没有抓到过),我们坐在三垒位置后面第五排的座位上,吃着赛百味的三明治和好家伙的爆米花。只要我喜欢,我想要多少张棒球卡,他就给我买多少张,虽然我们本无力购买;然后我们会坐着聊有关球队胜率的话题,一聊就好几个小时。六年级,我伤心欲绝,离开了学校,在道奇体育场停车场的灯光下,坐在我们那闻起来像湿狗和扁豆汤散发出的气味的航空之星牌的面包车里。当我鼓足勇气做好被骂的准备时,他没有像之前那样要我振作起来加倍努力,然后赶紧回到学校;他没有像之前那样问我你又怎么了;相反,他转过身看着我,对我说了一句:"我爱你。"

我们走回他的车前,我问他要不要进去一起吃顿午饭。"不了不了,"他回答道,"我得把罗斯科送回家了。"他没说再见,也没拥抱我,就这么钻进车里,倒车,向前,倒车,左转,右转,左转,然后摇下车窗,探出身子。最后,我明白过来了,我走上前去,拥抱了他,他说:"你能给罗斯科倒点水喝吗?"我照做了,然后他就开车走了。

第八章 | 和解

真是一团糟。我多希望不是这样,可最后还是搞成了这样。我们人类总是很混乱。我哽咽着,转动眼睛试图像小时候那样将眼泪倒回去,可最终,我一个人站在父亲的车离开的街道上,还是哭了出来。

过了一会儿,我爸爸给我发了一条短信,写着:♥♥🙏🦝🎣。

我回复道:♥。

我的孩子,一天早上,我焦躁不安,在这时听到了你在卧室里哼着歌。我坐到了你的门口,听着你唱歌:"你要去感受它,你要去爱它,你要去感受它,你要去爱它。"我打开门,问你在唱什么,你回复我两个字:"生活。"

天还早,我拿着一本书偷溜到你的床上。在我给你读书的时候,你会打断我,十分粗鲁地评价我后移的发际线以及花白的胡子,但却从来没有嘲笑过我大声朗读时犯下的那么多的错误。即使这么多年过去了,我也尽量避免大声朗读。每次在逾越节家宴[1]上轮到我朗诵的时候,我要么把书递给你母亲,要么直接给你,让你来好好"练习"。作为一个成年人、一个父亲,我感到羞愧难当,于是开始追寻正常生活的"地平线"。但是因

---

[1] 逾越节家宴(Seders),犹太教礼仪。在宴会中,全家人会一起复述《出埃及记》中的有关情节。

为有你，有我们，我知道自己是被爱着的。

这是我们亏欠彼此的。

我想让你知道我这辈子最自豪的是什么。为了庆祝布朗大学建校250周年，学校邀请50位校友作家出一本合集，我很荣幸被邀请成为其中一员。合集中有四篇文章被林肯艺术中心选中，届时会被当众朗读，其中就有我的一篇文章，题目是《瞧瞧有诵读困难的大脑的厉害》(The Dyslexic Brain Kicks Ass)，之所以如此命名是因为我发现戴维·科尔是正确的，虽然我花了很长时间才弄明白。

我为你的母亲感到骄傲，她依旧有着广泛的兴趣和横溢的才华，而且它们不会随着时间的流逝而黯淡。她依然是一个复杂的人、一个运动爱好者，写剧本、制作公共广播节目、喜欢小孩。这些年来，我一直都知道，你母亲就是我的生命、我的真爱。

我为我75岁的母亲感到骄傲，她仍然经营着她那个非营利组织。当然，她也依旧会像卡车司机那样骂人。

我为我的父亲感到骄傲，他一生都在为弱势群体而战，极力将自己从深渊中拯救出来，为自己选择了一个混乱、不完美却是唯一一个可以生存下去的生活方式。

第八章 | 和解

我为自己感到骄傲,因为我证明了很多人都是错的,但我更骄傲的是我证明了那些相信我的人是对的:我的母亲、我的兄弟姐妹、R先生、杨神父、T先生、苏珊、格雷西拉、罗伯特、戴维、你们的母亲,还有我的父亲。

我依旧有诵读困难,我依旧坐不住,我依旧无法找到车钥匙,我依旧无法拼写,我依旧无法大声朗读,我依旧在与焦虑和抑郁带来的挑战做斗争,我依旧没能治好自己的病成为正常人。但是,我不再是那个害怕、羞愧以至于无法好好生活的孩子了。我和你母亲已经彼此照顾20年了,我做了20年的自由职业者,做着一份我喜欢的工作。我是个作家,我并没有像我开始想的那样不得不自残。我为我们能够生活在一起感到骄傲,也终于成为我想要成为的自己。

我是个正常人吗?不,我并不是,没有人是。很久以来,我一直想回答"是的",因为我最想成为的就是正常人。但我不再这样做了。正常就像地平线,你越靠近它,它就离你越远。

我们必须摒弃正常,取而代之的是一种坚持不懈的承诺,也就是停止追逐这个"地平线",逃避被分类的命运。它一定要被另外一种生活方式所取代,这种生活方式可以拥抱现实生活中人们尖锐的"边缘"、撕裂的"内在",以及破碎的"外表"。我们需要迈出的第一步也是唯一一步,那就是去爱他们,爱他们本来的模样。

在人类历史的某个地方，人类物种不再是稳定的，而是经历了不断的生物变化，我们不再是一成不变的，而是迥然不同的。差异不再是例外，而是规则。正是我们的差异、怪癖、错误、脆弱与社会准则背道而驰，才构成了我们人类。

你可以选择如何生活。正如亨利-雅克·斯蒂克所问的，你会选择做一个有差异的人还是继续追求相同的梦想呢？生活就是要热爱差异，对同一事物的渴求就是对生活本身的否定。没有人是正常的，通往不道德生活最可靠的途径就是忘掉这一点，然后强迫他人都去接受。

你身上那些被称为"不正常"的部分有自己存在的价值，而那些符合常规的部分，比如你的性别、阶级地位、能力、肤色和特权，并没有让你变得比他人更优越。你必须为所有人都有差异的权利而奋斗，尤其是当你为之奋斗的差异的权利不同于你自身的时，更要百倍努力。

正常是一个非常错误的人类价值标准，我不会，也不能秉持这种标准。我爱你们，爱你们所有人，爱那些弯曲、破碎、偏离、引起痛苦、带来快乐的部分，爱那些从你们身上投射出来的不会被磨去棱角的同心圆。我美丽、基本、有序的物种啊：你有权脱离正常的桎梏，你有权与众不同！

鸣 谢

即使你像我一样有诵读困难,拼写能力只有三年级的水平,也可以像我一样写书。我需要感谢的人太多了。我想让我感谢的人知道,当他们像我一样,发现生活中的许多缺陷和不足时,这种感谢就意味着一切。最重要的是,感谢我的妻子丽贝卡(Rebecca),她是一个坚强又可爱的伴侣。没有她,一切都不可能发生。为了我的孩子,为了这一切,我爱你。感谢我的母亲——科琳(Colleen),她是这一切的催化剂。感谢我的父亲,他总是在我最需要的时候及时出现。感谢我的姐姐基莉,她总是帮助我想象一个不同于过去的未来。感谢我的姐姐米歇尔,她安静而富有勇气。感谢我的哥哥比利,他是我的榜样。为过去的20多年感谢吉尔·尼勒姆(Jill Kneerim)和露西·克莱兰(Lucy V)。感谢所有在布朗大学改变我想法的人。感谢所有的作家、学者、活动家和艺术家,他们的想法是这本书的核心和灵魂,包括亨利-雅克·斯蒂克(Henri-Jacques)、沙伦·斯奈德(Sharon Snyder)和戴维·米切尔(David Mitchell)、雪莱·特里曼(Shelley Tremain)、塔米·S.汤普森(Tammy S. Thompson)、托宾·西贝斯(Tobin Siebers)、伊迪丝·谢弗(Edith Sheffer)、苏珊娜·埃文斯(Suzanne Evans)、伦纳德·J.戴维斯(Lennard J. Davis)、西米·林顿(Simi Linton)、彼得·克莱尔(Peter Cryle)和伊丽莎白·斯蒂芬斯(Elizabeth Stephens)、埃德温·布莱克(Edwin Black)、苏珊·温德尔(Susan Wendell)、罗斯玛丽·加兰·汤普森

（Rosemarie Garland Thomson 伟大的 RGT）、佩德罗·诺古拉（Pedro Noguera）、玛丽安·沃尔夫（Maryann Wolf）、汤姆·莎士比亚（Tom Shakespeare）、盖尔·萨尔茨（Gail Saltz）、托马斯·阿姆斯特朗（Thomas Armstrong）、大卫·弗林克（David Flink），以及千百万每天为建设一个更具包容性的世界和每个人都有权与众不同而奋斗的人们。感谢那些在我从布朗大学毕业后在家里接待我的人，还有那些在短途巴士上和我分享他们故事的人。感谢我的专注、富有批判性和具备洞察力的手稿读者。伊莱·沃尔夫（Eli Wolf）、巴布斯韦尔（Buswell）、大卫·康纳（David Connor）、莎拉·埃弗哈特·斯凯尔斯（Sarah Everhart Skeels），你们的见解使这本书变得更好，让我成为一名更好的作家、思想家和倡导者。感谢《纽约时报》社论编辑彼得·卡塔帕诺（Peter Catapano）将我的故事纳入他关于残疾问题的系列文章中，这些文章富有洞见而且观点鲜明。感谢朱迪·斯特林特（Judy Sternlight）为《布朗读者》（*Brown Reader*）做出的巨大贡献。感谢无与伦比的亨利·霍尔特（Henry Holt）团队：与吉莉安·布莱克（Gillian Blake）第一次见面，玛姬·理查森（Maggie Richardson）没有取笑我比上次见面老了许多；感谢帕特里夏·艾斯曼（Patricia Eisemann）的大局观；感谢凯瑟琳·库克（Kathleen Cook），她是一位非常出色的编辑；当然还要感谢利比·伯顿（Libby Burton），尽管没有传真机，但她一直都是每位作家梦寐以求想要合作的编辑。

最后，感谢发明拼写检查的人。